Carl-Auer

Bernd Schmid / Thorsten Veith / Ingeborg Weidner

Einführung
in die kollegiale Beratung

2010

Umschlaggestaltung: Uwe Göbel
Satz: Verlagsservice Hegele, Heiligkreuzsteinach
Printed in Germany
Druck und Bindung: Freiburger Graphische Betriebe, www.fgb.de

Erste Auflage, 2010
ISBN 978-3-89670-731-4
© 2010 Carl-Auer-Systeme Verlag
und Verlagsbuchhandlung GmbH, Heidelberg
Alle Rechte vorbehalten

Bibliografische Information Der Deutschen Nationalbibliothek
Die Deutsche Nationalbibliothek verzeichnet diese Publikation
in der Deutschen Nationalbibliografie; detaillierte bibliografische
Daten sind im Internet über http://dnb.ddb.de abrufbar.

Informationen zu unserem gesamten Programm, unseren Autoren
und zum Verlag finden Sie unter: www.carl-auer.de.

Wenn Sie Interesse an unseren monatlichen Nachrichten
aus der Häusserstraße haben, können Sie unter
http://www.carl-auer.de/newsletter den Newsletter abonnieren.

Carl-Auer Verlag GmbH
Häusserstr. 14
69115 Heidelberg
Tel. 0 62 21-64 38 0
Fax 0 62 21-64 38 22
info@carl-auer.de

Inhalt

1 Einleitung

Vor ca. 20 Jahren versuchten wir, am *Institut für systemische Beratung (ISB)* in Wiesloch eine Gruppe zu formen, in der sich unter didaktischer Anleitung Bildungsfachleute aus verschiedenen Unternehmen in kollegialem Austausch gegenseitig ihre Kompetenzen zugänglich machen sollten. Es war wohl zu früh dafür. Dieselben Kollegen, die gerne Zeit und andere Ressourcen dafür einsetzten, um eher fern ihrem Umfeld „in die Schule" zu gehen, waren für selbst organisiertes, arbeitsplatznahes Lernen noch nicht zu gewinnen. Das Lernglück wurde eher jenseits der eigenen Horizonte gesucht, wenn auch die „Umsetzung" in eigene Welten schwierig war. Doch das Rad der Geschichte hat sich weitergedreht. Die Berufswelt hat sich weiter ausdifferenziert, und die Anforderungen an direkte Anwendung von Gelerntem sind gestiegen. Nicht allein Wissen und Anregung sind gefragt, sondern rollen- und feldspezifisches Können. Anwendungsorientiertes Aufbereiten des eigenen Wissens für andere sowie persönliche Überzeugungskraft im gemeinsamen Lernen und in der Zusammenarbeit werden immer wichtiger. Auch die Nachfrage nach Bildung und die Vorstellungen anspruchsvoller Praktiker von Lernen haben sich geändert.

Unverbundene Belehrungen aus wechselnden Perspektiven einzelner Fachrichtungen befriedigen immer weniger. Die gesellschaftliche Wirklichkeit verlangt die Integration von Wissen und Erfahrungen aus vielen Disziplinen. Beides soll situationsspezifisch auf konkrete Fragestellungen zugeschnitten werden. Interdisziplinär kann dabei nicht additiv heißen – aus den unverbundenen Perspektiven der jeweiligen Fachrichtungen –, sondern muss integrativ und auf die Bewältigung von Aufgaben bezogen sein. Die Lehre vieler Fachinstitutionen und Hochschulen stellt sich darauf nur sehr unzureichend ein. Ansprüche dieser Art werden leicht als „verwertungshörig" und „unwissenschaftlich" verunglimpft. Dass auch unangemessene Vereinfachungs- und Rezeptwünsche vorkommen, sei unbestritten, doch gibt es auch differenzierte Formen, sich solchen berechtigten Wünschen zu stellen. Das verlangt nach Lernprozessgestaltung, die der ganzheitlichen Verantwortung von Praktikern und ihren Wünschen nach effizientem, persönlichkeitsspezifischem und umsetzungsgeeignetem Lernen gerecht wird. Kein Bildungsprogramm kann heute per Lehre das ganze für die professionelle Kompetenzbildung erforderliche Spektrum abdecken. Vielmehr muss damit Ernst gemacht werden, Bildungsveranstaltungen vorrangig als Foren für selbst gestaltetes beispielhaftes Lernen zu verstehen. Die Teilnehmer kommen häufig aus vielfältigen Grundberufen, sind in verschiedenen Branchen, Organisationstypen in vielerlei Rollen, Funktionen und Verantwortungen tätig. Auch bezüglich Alter, Geschlecht, Lernstil, Lebensorientierung usw. bieten sie eine Vielfalt, die ein einheitliches Lehrprogramm niemals adressieren kann. Dasselbe gilt auch für die meisten organisationsinternen und -übergreifenden Teams. Die Kunst muss darin bestehen, eine Lernkultur zu initiieren und zu pflegen, in der die Teilnehmer motiviert und in die Lage versetzt werden, sich ihr Wissen gegenseitig kompetent zur Verfügung zu stellen. Lernerfolg besteht eben auch im Lernenlernen, darin, immer lernfähiger zu werden, vorhandene Kompetenzen für eigenes Lernen zu nutzen und Lernen sich selbst wie auch anderen Beteiligten zur Freude zu machen.

So plausibel und naheliegend kollegiales Lernen anmutet, so sehr hängt sein Erfolg von sorgfältig aufgebauter und gepflegter Lernkultur ab. Jeder, der schon selbst gesteuertes Lernen initiiert hat, weiß, dass dies ohne sorgfältige Steuerung nur zufällig gelingt. Ohne gezielte Maßnahmen und geeignete Regeln am Anfang finden sich z. B. eher Partner, die ohnehin gut zurechtkommen. Andere, denen eher wenig gelingt und die am meisten Unterstützung bräuchten, fallen leicht aus dem kollegialen Austausch heraus. Setzt man z. B. auf Anfangsbegeisterung, fasst aber im Aufbau einer Lern- und Kooperationskultur nicht nach und etabliert nicht Verbindlichkeit, fehlt leicht die für bleibende Effekte kritische Masse an neuer Erfahrung. Die daraus erwachsenden Enttäuschungen, Defizite, Versäumnisse und Konflikte verbrauchen dann oft ein Vielfaches mehr an Kraft, als man für richtigen Kulturaufbau gebraucht hätte. Was dann noch zu retten ist, bleibt fraglich.

Im Laufe der Jahre wurden kollegiale Beratung und die Entwicklung von dafür hilfreichen Kompetenzen Schwerpunkte unserer Didaktik. In der Folge bildete sich ein Professionellennetzwerk, und es entstanden – parallel und nachfolgend zu den Curricula – kollegiale Lerngruppen, die oft noch Jahre gemeinsam weiterlernen und im Berufsfeld konkret miteinander arbeiten. Hohes Engagement und Verbindlichkeit, sowie die Qualität der Beiträge in diesen Lernzirkeln sind Früchte einer systematisch etablierten Kultur gemeinsamen Lernens.

Sorgfältig gestaltetes, selbst gesteuertes kooperatives Lernen ist bezüglich seiner Anwendung in vielen Bereichen auch schlicht effizienter und effektiver als die traditionelle Lernstrategie (angeleitetes Lernen, Frontalunterricht, strikte Lernerfolgskontrolle …). Angesichts der Umsetzungsdefizite überall ist dies ein positives Argument. Außerdem dient es der Berufs- und Lebenszufriedenheit und der Gesundheit. Nach Antonovsky (1997) sind Menschen umso weniger krankheitsanfällig, je besser sie ihre Welt verstehen, je wirksamer sie sich fühlen und je mehr Sinn ihr Wirken ergibt. Da dies alles heute auch von Spiegelungen in relevanten Bezugsgruppen abhängig ist, dient gemeinsames Lernen auch der Professionskulturpflege in solchen Gemeinschaften.

Organisationen achten heute ohnehin auf kernaufgabennahes Engagement ihrer Mitarbeiter und stellen gleichzeitig höhere Ansprüche an Prozesse und Kooperationen. Dafür wird zunehmend eine arbeitsplatznahe Qualifizierung für angemessen gehalten, zumal aus Ersparnisgründen weniger externe Weiterbildungen in Anspruch genommen werden sollen. So waren wir gefordert, unsere Erfahrungen in Sachen kollegialen Lernens als didaktische Konzepte, als methodisches Vorgehen, als Arbeitsfiguren und Hilfsmittel multiplizierbar aufzubereiten und zur Eigennutzung zur Verfügung zu stellen. Dies geschieht durch programmatische Aufbereitung der vorhandenen Erfahrung und als methodisches Starter-Set für die Einführung in eine selbstverantwortete professionelle Lernkultur am Arbeitsplatz.

Kollegiales Lernen in einer Organisation einzuführen, der eine solche Lernkultur nicht vertraut ist funktioniert nur, wenn einige Prinzipien beachtet und auf den ersten Blick leicht zu übersehende Gestaltungsgesichtspunkte verstanden und ernst genommen werden.

Kollegiales Lernen ist neben Portfolioarbeit und Spiegelung ein Trojanisches Pferd für die Einführung intelligenter, arbeitsplatznaher Lernsysteme. Trojanische Pferde müssen brauchbar und unverdächtig erscheinen. Dies ist gegeben. Jeder erkennt anhand erlebter Kostproben in kollegialer Beratung, Portfolioarbeit und Spiegelung schnell eigene gute Lernerfahrungen und Lebenstauglichkeit.

Darin liegt aber auch gleichzeitig die Gefahr, denn es kann der Eindruck entstehen, den Nutzen kollegialer Beratung könne man auch ohne eine sorgfältige Einführung und Implementierung haben. Doch scheitern unzureichend begleitete Versuche oft z. B. schon daran, dass zu wenig Zeit- und Fokusdisziplin realisiert wird. Dann desintegrieren Prozesse leicht und verlieren an inhaltlicher Dichte.

Aus unserer Erfahrung ist es im Sinne des langfristigen Einsatzes und Erfolgs wichtig, gerade in der Startphase genügend Raum und Zeit zu geben. So kann sich alles gut aufeinander einspielen. Wird diese anfängliche Arbeitsphase außerdem professionell begleitet, steigt die Chance auf nachhaltigen Erfolg. Fehlentwicklungen werden gleich korrigiert und methodische

Fragen in der Situation geklärt. So vieles ist möglich, wenn man die wenigen erfolgsrelevanten Erfahrungen berücksichtigt und die verfügbaren Arbeitsmittel klug einsetzt.

Kollegiale Beratung ist eine strukturierte, lösungs- und ressourcenorientierte Lern- und Arbeitsform, die Nutzen in dreifacher Hinsicht gleichzeitig bieten kann:

- Sie bietet Sofortnutzen durch konkrete, situative Problemlösungsstrategien und Praxislösungen vor Ort.
- Es entsteht eine Lern- und Arbeitskultur für alle: Es werden Inhalte gelernt und gleichzeitig wird eine Kultur des Miteinander- und Voneinanderlernens entwickelt.
- Sie macht unter Kollegen in der Organisation oder in Netzwerken anschlussfähig und hilft, Organisation effektiv zu gestalten.

Dieses Buch führt in die kollegiale Beratung ein und bietet vielerlei Hilfestellungen für die Etablierung einer kollegialen Lernkultur in Organisationen.

Der Aufbau des Buches folgt den Prinzipien der Einführung von kollegialer Beratung in Organisationen: veranschaulichen, konkrete Gestaltungsgesichtspunkte und Vorgehensweisen erläutern, Erfahrungen und Vorgehen bei der Einführung von kollegialer Beratung als Programm in Organisationen aufzeigen und schließlich Hintergründe verschiedener Art weiterführend diskutieren.

In Kapitel 2, „Die Methode der kollegialen Beratung", werden anhand einiger Arbeitsformen der Variantenreichtum und die Lebendigkeit kollegialen Lernens verständlich gemacht. Die erläuterten Arbeitsblätter können für die Anleitung zu kollegialem Lernen direkt als „Regieanweisungen" genutzt werden. Dann werden die im Lernprozess hilfreichen Rollen und die Prozessgestaltung erläutert und die Aufmerksamkeit auf erfolgsentscheidende Faktoren gelenkt. Schließlich werden Anlässe und Kontexte unterschieden.

In Kapitel 3, „Kollegiale Beratung in Organisationen", wird der Stellenwert kollegialer Beratung für Lernen und Zusammenarbeit in Organisationen erläutert, und es wird dargelegt, worauf bei einer Einführung zu achten ist. Die Einführung kollegialer Beratung ist ein plausibler Anfang für organisationale Lernkulturentwicklung. Hierfür werden einige Konzepte und Erfahrungen weiterführend diskutiert.

Schließlich wird in Kapitel 4 kollegiale Beratung aus bildungswissenschaftlicher Perspektive diskutiert.

Einige übergreifende Überlegungen zu Lernkultur und zur Integration von Lernen und Arbeiten als Zukunftsperspektive runden in Kapitel 5 die Darstellungen ab.

2 Die Methode der kollegialen Beratung

Für das Lernen im Prozess der Arbeit stehen Konzepte im Vordergrund, die darauf bauen, dass Menschen selbst organisiert durch die Auseinandersetzung mit ihren Aufgaben und durch ihr konkretes Tun lernen. Diese Art des Lernens ist ein realistischer Weg zur Bewältigung der zunehmenden Lernanforderungen am Arbeitsplatz.

Ein solches arbeitsbegleitendes Lernen führt durch arbeitsnahe Kontexte und lernförderliche Arbeitsformen zu einer tätigkeitsbezogenen Erweiterung, Neustrukturierung oder Löschung vorhandener Kompetenzen eines individuellen oder kollektiven Subjekts in der Erwerbsarbeit (Kirchhöfer 2004).

Kollegiale Beratung ist eine Kommunikationsform, die sich in vielerlei Hinsicht besonders für den Einsatz in arbeitsplatzbezogenen Lernprozessen eignet. Hierauf werden wir in Kapitel 3 weiterführend eingehen.

In diesem Kapitel 2 wird die Methode als solche analysiert, und es wird dargestellt, wie ihr Einsatz den Aufbau eines kollegialen Unterstützungssystems ermöglicht, welches dazu dient, gemeinsam Schwierigkeiten im täglichen Arbeitsablauf zu lösen und zu überwinden und Verhalten sach-, persönlichkeits- wie beziehungsorientiert zu verbessern.

2.1 Kollegiale Beratung als Arbeitsform

Damit kollegiale Beratung in weitreichenden Umfang genutzt werden kann, empfiehlt sich besonders für Einsteiger die Orientierung an einem Leitfaden. Mit dieser Orientierung ist es für die Beratungsgruppe machbar, in begrenzter Zeit einen anliegenbezogenen Fortschritt zu erreichen. Möglich wird dadurch auch, dass verschiedene Teilnehmer in je einer Beratungseinheit die Rolle des Ratsuchenden einnehmen können, wenn im Rahmen eines Arbeitstreffens mehrere Beratungssequenzen durchlaufen werden.

Von zentraler Bedeutung ist es, dass sich die beratenden Teilnehmer explizit auf ihre Rolle und das Erbringen einer für den Ratsuchenden relevanten Unterstützung fokussieren.

Mit *Rolle* ist hier nicht das Agieren eines Schauspielers im Rahmen eines Schauspiels oder Rollenspiels gemeint. Vielmehr wollen die Rollenbeschreibungen (siehe Abschn. 2.1.2 folgende) möglichst klar die Funktionen und die damit verbundenen Aufgaben der Teilnehmer im Beratungsprozess definieren. Die Rollenbeschreibungen sind nicht als strikte Anweisungen gedacht, doch dient die Rollentreue seitens Protagonisten der Strukturierung einer Beratungssitzung in ihrem Aufbau und Ablauf. Jede Rolle fokussiert dabei auf einen zentralen Beitrag im Sinne der Problemlösung gemäß dem eingebrachten Anliegen bzw. zur Gestaltung des Lernprozesses.

Die Rollen in der kollegialen Beratung sind nicht an Personen oder Kompetenzen gebunden, sondern sie wechseln von Fall zu Fall. Auch können die Rollen unabhängig von eventuellen sonstigen Hierarchien von allen eingenommen werden und begründen keine bestimmte Hierarchie in der Lerngruppe. Vielmehr begegnen sich die Teilnehmer im Sinne kooperativen Lernens als gleichwertig und erarbeiten gemeinsam Lösungsoptionen.

Die Verteilung der Rollen in der kollegialen Beratung variiert je nach Beratungsform. Dabei wird zum Teil nur mit Ratsuchendem und Beratergruppe gearbeitet, wie dies in der von uns so genannten *klassischen Designübung* beispielsweise der Fall ist. Hier liegt der Hauptfokus darauf, dem Ratsuchenden eine möglichst breite und variantenreiche Palette an Hypothesen, Perspektiven und Ideen für ein weiteres Vorgehen zur Verfügung zu stellen.

Oder man verteilt die Rollen nach Ratsuchendem, Hauptberater und Koberater (Berater-Berater). Die von uns so genannte

Beratungsübung bietet sich an, wenn der Ratsuchende von einem Berater durch einen Klärungsprozess geführt oder mit einer alternativen Wirklichkeit konfrontiert werden möchte.

Diese Übung eignet sich eher für beratungserfahrene Gruppen, denn der Beratungsprozess wird bis zur tatsächlich erfolgten Beratung durchgeführt. Hierbei wird das Handeln des Beraters durch die Berater-Berater unterstützt. Deren Fokus liegt auf der Selbststeuerung des Beraters und nicht in erster Linie auf dem Anliegen des Fallgebers.

In einer von uns so genannten *Beratermarktübung* dagegen stellen mehrere Berater oder Beraterteams dem Ratsuchenden in Bezug auf sein Anliegen ihr Beratungsangebot vor. Der Ratsuchende wählt aus und nimmt die entsprechende Beratung in Anspruch. Der Vorteil dieser Beratungsform für den Ratsuchenden liegt darin, in Bezug auf seine konkrete Zielvorstellung mehrere Optionen des Vorgehens zu bekommen. Für alle ist dies eine Gelegenheit, Beratungsdienstleistungen zu konfigurieren, anzubieten, zu beauftragen, zu erbringen und zu evaluieren.

Die verschiedenen Beratungsformen können in ihrer Ausführung also variieren.

Innerhalb jeder Beratung(sform) kann mit verschiedenen Methoden auf akustisch-verbaler, visueller und kinästhetischer Ebene gearbeitet werden, damit man den verschiedenen Wahrnehmungs- und Verarbeitungskanälen bzw. der jeweiligen Situation oder dem Problem gerecht wird.

Eine gute Beratungsgruppengröße für die Bearbeitung eines Anliegens liegt zwischen vier und sechs Teilnehmern. Die minimale Teilnehmerzahl verteilt sich auf die Rollen: 1 Fallgeber und 2–3 Berater, wobei einer der Berater die Moderations- und Zeitwächterfunktion mit übernimmt.

Arbeitet man mit einer großen Beratergruppe, so hat man zwei Möglichkeiten. Entweder man bearbeitet mehrere Anliegen in Gruppen nach oben genannter Besetzung. Oder man wählt mit einer maximalen Besetzung von 13 Personen das Setting des Beratermarkts (im Plenum). Hier arbeiten drei

Gruppen parallel und erstellen für den Fallgeber alternative Beratungsangebote.

Als Rahmen sollten verschiedene Arbeitsvereinbarungen und grundsätzliche Werte festgelegt werden. Als solche sind Wertschätzung, Kompetenzzuschreibung, Ressourcen- und Lösungsorientierung, aktive Beteiligung, Verbindlichkeit, Zeit- und Fokusdisziplin, Bereitschaft zur Offenheit und Authentizität, Selbstverantwortung und Eigenständigkeit sowie Bereitschaft zu einer Vertrauenskultur aus unserer Sicht die wesentlichen.

Der folgende Leitfaden eines kollegialen Beratungsprozesses kann als Grundform verstanden werden. Er kann je nach Beratungsintention variiert und methodisch ergänzt werden.

Leitfaden kollegiale Beratung

1	**Rollen- und Zeitvereinbarung** Ein Kunde, zwei Interviewer, ein Moderator und die Beobachter werden ausgewählt. Die Dauer der kollegialen Beratung wird festgelegt.	5 min
2	**Anliegen** Der Kunde (A) stellt sein Anliegen dar (nur eine kurze Skizze, möglichst konkret) und formuliert zwei bis drei zentrale Fragestellungen.	10 min
3	**Die Interviewer erfragen** a) das Ziel der Beratung (z. B.: „Angenommen, unser Gespräch verläuft optimal, was ist dann am Ende für Sie anders?") b) wesentliche Perspektiven des Problems (mithilfe systemischer Fragen)	20 min
4	**Die Interviewer und die Beobachter überlegen sich Hypothesen zur Erklärung des Problems (keine Ratschläge oder Lösungen** A hört still zu.	15 min
5	**A priorisiert die Hypothesen** Welche erlebe ich als weiterführend?	5 min
6	**Gruppen-Brainstorming** Interviewer und Beobachter formulieren *Lösungsideen*, die A helfen, bezogen auf die Herausforderung konkret etwas anderes tun zu können. A hört zu.	15 min

7	**A bewertet die Lösungsideen** Welche sind für meine Fragestellung hilfreich?	10 min
8	**Prozessreflexion** Wie haben sich die Beteiligten in ihren Rollen erlebt? Was haben wir gelernt?	5 min
	Beim nächsten Treffen Bericht des Kunden: • Welche Fragestellung habe ich eingebracht? • Welche Hinweise habe ich dafür bekommen? • Was habe ich unternommen? • Was ist aus meiner Sicht gut gegangen, was nicht? • Welche Folgefragen sind entstanden?	

Die hier vorgestellte Form des kollegialen Beratungsprozesses enthält die Hypothesenarbeit (Analyse von Hypothesen) als festen Bestandteil (zur Bedeutung und Arbeit mit Hypothesen siehe Abschn. 2.1.5) und spiegelt insofern unsere systemisch-wirklichkeitskonstruktiven Grundhaltung wider. Damit unterscheidet sich dieser Prozessablauf von den an anderer Stelle vorgestellten (Rimmasch 2003; Tietze 2003). Rimmasch eröffnet in der Beratung einen dialogischen Prozess („diagnostische Spirale", ebd., S. 29 ff.) und arbeitet nach Gesichtspunkten eines dialogischen Lernarrangements. Die Formulierung von Hypothesen kann in diesem Prozess mit einfließen, ist jedoch kein fester Bestandteil.

Bei Tietze wird die Arbeit mit Hypothesen als ein Methodenbaustein unter vielen angeboten – wenngleich als ein wesentlicher (ebd., S. 171). Der von uns vorgestellte Leitfaden implementiert viele methodische Elemente bereits in seiner Grundstruktur in Form der Arbeit mit systemischen Fragen, die bei Tietze als Bausteine vorgestellt werden.

Die Analyse handlungsleitender Hypothesen oder Wirklichkeitserklärungen ist für uns jedoch im Sinne eines ressourcen- und lösungsorientierten Arbeitens von zentraler Bedeutung und macht einen wesentlichen Unterschied zu alltagskommunikativen Prozessen. In diesem Sinne ist sie ein fester Bestandteil kollegialer Beratung, der durch andere methodisch-didaktische Elemente ergänzt werden kann.

Im Folgenden werden unterschiedliche Formen kollegialer Beratung vorgestellt, die (Designübung „Perspektiven, Hypothesen und Lösungsideen" ausgenommen) als Varianten des Leitfadens zu sehen sind und als Spezialisierungen für eine passgenaue Bearbeitung entsprechender Anliegen entwickelt wurden. Im Anschluss an die jeweils vorangestellte Beschreibung des Übungssettings steht das dazugehörige Beratungsdesign mit detaillierter Ablauf- und Zeitstruktur zur Verfügung.

2.1.1 Formen kollegialer Beratung

Designübung: Perspektiven, Hypothesen und Lösungsideen

Fallgeber

Beratungsgruppe

Abb. 1: Beratungssetting der Designübung
„Perspektiven, Hypothesen und Lösungsideen"

Zu besetzende Rollen sind hier neben dem Fallgeber A die Rollen der Berater B, C und D. Wobei D auch die Moderatoren- und Zeitwächterfunktion mit übernimmt.

Diese Form kollegialer Beratung legt den Fokus auf die Hypothesen- und Optionsgenerierung, bezogen auf eine Fragestellung, welche der Fallgeber in die Beratung einbringt. Die Gruppe berät bzw. analysiert den Fall und das Problem. Sie sammelt Assoziationen, Bilder, Hypothesen und Erklärungsansätze, welche die Schilderung bei den Einzelnen ausgelöst hat. Es sollen zunächst vielschichtige Betrachtungen angeregt, aber noch keine Lösungsvorschläge diskutiert werden.

Anschließend berät die Gruppe und entwickelt Lösungsvorschläge mit Bezug auf eigene Erfahrungen und stellt hypothetische Lösungsoptionen dar. Beim Anbieten von Lösungsoptionen ist zu berücksichtigen, dass in den Lösungsideen aufgrund eigener Erfahrungen Hypothesen über oder Betrachtungen von Wirklichkeit implizit enthalten sind. Sind diese in der vorangegangenen Phase noch nicht besprochen worden, sollten sie an dieser Stelle explizit gemacht werden, damit nicht nur die Lösungen, sondern auch die zugrunde liegenden Ideen transparent werden.

Die Gruppe bewertet und kritisiert die einzelnen Ansätze und Lösungen nicht, sondern lässt sie als Optionen nebeneinander bestehen, prüft allerdings, ob sie verständlich und in sich plausibel sind. Designübungen sollen die Teilnehmer dazu anregen, relativ konsequent in Zusammenhängen zu denken.

Der Fallgeber exploriert seine eigene Wirklichkeitskonstruktion des Falles, auch mithilfe von Strukturierungs- und Klärungshilfen aus der Gruppe, und er lernt darüber hinaus andere Wirklichkeitskonstruktionen des gleichen Problems (Rekonstruktion) und mögliche Beschreibungs- und Lösungsvarianten kennen. Dadurch gewinnt er Abstand zu seiner bisherigen Sichtweise und erkennt, dass keine Wirklichkeit wahr oder zwingend ist (Dekonstruktion), sondern eine Frage der Betrachtungsweise.

Im Unterschied zur Beratungsübung sind die Teilnehmer von dem Druck entlastet, ihre Überlegungen direkt in Kommunikation im Rahmen einer Beratungssituation umsetzen zu müssen.

Designübung: Kollegiale Beratung – Perspektiven- und Hypothesenbildung
Plenum: Aufteilung in Teams: A, B, C, D

1	Auswahl des Fallgebers A und Moderators/Zeitwächters D sowie Formulierung des Anliegens	5 min
2	Darstellung des Problems/Anliegens, Festhalten von 2–3 Fragestellungen	5 min
3	Die Berater explorieren wesentliche Perspektiven des Problems in Form eines Interviews (Ortsbegehung)	20 min
4	B, C und D überlegen sich Hypothesen, keine Lösungen! Problemdefinitionen beispielsweise zur Frage: Was wäre förderlich für eine Veränderung? A hört nur still zu.	10 min
5	A priorisiert die Hypothesen nach ihrer Nützlichkeit	5 min
6	Gruppenbrainstorming: B, C und D formulieren Lösungsideen, A hört zu	10 min
7	A wählt nützliche Ideen aus und gibt den Partnern Feedback	10 min
8	Kurze Reflexion des Lernsettings und der Lernerfahrung	5 min

Designübung: Beratermarkt I – Beratermarkt im Plenum
Zu besetzende Rollen sind hier die des Fallgebers A (im Plenum) sowie die des Beraterteams, bestehend aus den Beratern B, C, D und E. Auch hier übernimmt einer der Berater die Funktion des Moderators und Zeitwächters mit.

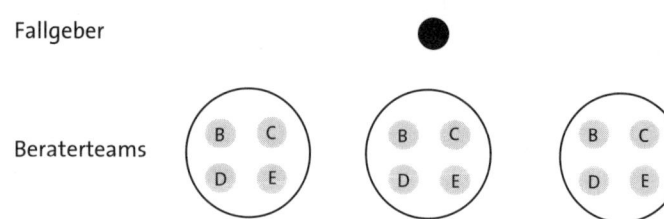

Fallgeber

Beraterteams

Abb. 2: Beratungssetting im Beratermarkt I: Beratermarkt im Plenum

Auf dem sogenannten Beratermarkt lernen die Teilnehmer nicht nur, ein Beratungsangebot als Design zu erstellen, nachdem gemeinsam eine Ortsbegehung im Zusammenhang mit dem Beratungsanliegen durchgeführt worden ist. Die Idee, zunächst ein Design einer Beratungsdienstleistung zu entwickeln, entlastet von der sofortigen Umsetzung.

Der Beratermarkt im Plenum bietet die Möglichkeit, ein Anliegen mit einer großen Teilnehmerzahl in verschiedenen Untergruppenphasen zu bearbeiten.

Nach der anfänglichen Anliegenschilderung durch den Fallgeber ziehen sich die Beraterteams zurück und bereiten das nachfolgende Kurzinterview (5–7 min) des Fallgebers zu seinem Anliegen vor. Je ein Vertreter jeder Beratungsgruppe führt dieses Interview im Plenum durch. Dabei sind alle anderen Beraterteams mit anwesend. In der anschließenden Phase erarbeiten die Beraterteams einzeln ihr Beratungsangebot für den Fallgeber. Die verschiedenen Beratungsangebote werden danach im Plenum durch einen Vertreter jeder Beratungsgruppe präsentiert. Während der Präsentationen hat der Fallgeber die Möglichkeit, zu unterbrechen und nachzufragen, wenn ihn eine Fokussierung interessiert. Abschließend entscheidet sich der Fallgeber für eines der Angebote und begründet dies. Mit einer gemeinsamen Prozessreflexion beenden die Teilnehmer diese Übung.

In in dieser Übungsform lernen die Teilnehmer auch, ein Beratungsangebot im Team zu erstellen. Darüber hinaus stehen sie vor der Herausforderung, sich in der simulierten Markt- und Wettbewerbssituation zu bewähren. Sie sind also nicht nur gefordert, ein gutes Beratungsangebot zu erstellen, sondern es auch – angekoppelt an das Anliegen des Fallgebers – attraktiv zu präsentieren. Auch darin liegt eine Kompetenz professionellen Arbeitens.

Designübung: Beratermarkt I – Beraterteams im Plenum

1	Kurze Darstellung des Anliegens und Formulierung der Fragestellung des Fallgebers	5 min
2	Vier Untergruppenteams tauschen sich im Plenum über ihren Eindruck aus und bereiten die nachfolgende Befragung des Fallgebers vor	15 min
3	Je ein Vertreter der Gruppe hat ca. 7 min Zeit, den Fallgeber zum Anliegen zu befragen	30 min
4	Die Untergruppenteams ziehen sich zurück, diskutieren ihre Einschätzung der Problematik und erstellen ein Design für ein Beratungsangebot an den Fallgeber

Sie überlegen sich:

• Was ist das Problem bzw. die Entwicklungsherausforderung von A?
• Was wären dazu passende Lösungen bzw. Entwicklungsschritte?
• Was wäre mein Beratungsangebot, und wie würde ich es realisieren?
• Was stelle ich mir dabei vor, was wirkt?
• Wie wäre das Problem dann gelöst? | 20 min |
| 5 | Im Plenum: Je ein Vertreter der Untergruppen macht dem Fallgeber ein Angebot über eine nachfolgende Beratung im Sinne von:

• Was haltet ihr aufgrund dessen, was ihr gehört habt, für wesentlich?
• Welche Fragestellungen wären für diesen Fokus die nächsten und wichtigen, die abzuklären wären?
• Wie würdet ihr konkret vorgehen? | je 10 min, insgesamt 40 min |
| 6 | Der Fallgeber hört zu und prüft für sich, was er für relevant hält. Er fragt näher nach oder stoppt, wenn ihn eine Fokussierung interessiert. Er orientiert sich dabei an Fragen wie:

• Was davon kann ich als Hilfestellung für meine Frage nutzen?
• Wie organisiere ich mich damit?

Der Fallgeber entscheidet sich für eines der Angebote und begründet kurz seine Entscheidung. | |
| 7 | Dialogische Reflexion des Gesamtprozesses im Plenum | 20 min |

Werkstattarbeit

Diese Arbeitsform bietet ihren Teilnehmern die Möglichkeit, Einblick in die aktuellen Projekte der anderen zu bekommen und an Themen zu arbeiten, die aus diesen Projekten entstehen. Im Unterschied jedoch zu den anderen hier vorgestellten

Formen kollegialer Beratung, die stark intervisorisch-reflexiv angelegt sind, will die Werkstattarbeit zusätzlich die Inszenierungs- und Regiekompetenz der Teilnehmer stärken (Schmid u. Wengel 2001; Schmid 2004b). Diese Kompetenz ist wesentlich, will man eine beschlossene Neuorientierung und Veränderung auch tatsächlich in der (organisationalen) Praxis und im Alltag umsetzen.

So eignet sich eine Werkstatt beispielsweise für die Begleitung und Unterstützung eines bevorstehenden oder bereits laufenden längerfristigen Veränderungsprozesses. Passend dazu ist diese Arbeitsform darauf angelegt, in mehreren Sitzungen mit jeweils zeitlichem Abstand an einem Thema zu arbeiten, so dass die in der Werkstatt erarbeiteten nächsten Schritte in der Praxis erprobt werden können und die sich daraus ergebenden Entwicklungen im Projekt dann wieder in die nächste Werkstatt mit einfließen. Daher steht zu Beginn jeder Werkstatt – soll an einem Projekt aus der vergangenen Sitzung weitergearbeitet werden – eine intensive Feedbackschleife, indem der Protagonist die Beteiligten fragt: „Was ist in der Zwischenzeit passiert?" – „Was hat geholfen, was war weniger gut?" Danach kann mit gegebenenfalls verändertem Fokus weitergearbeitet werden.

Da das Werkstattdesign bewusst strukturarm angelegt ist, bietet es sich als Plattform zum Ideensammeln und Experimentieren an, indem sich die Gruppe selbstständig auf ihr gemeinsames Vorgehen innerhalb des verfügbaren Zeitrahmens einigt. Um eine möglichst große Vielfalt an Ideen und Perspektiven entstehen zu lassen, ist es nötig, eine Werkstatt mit mindestens 5 Personen zu eröffnen.

Steht der Protagonist der aktuellen Arbeitssequenz fest, so stellt er sein Projekt vor, und die Gruppe exploriert gemeinsam die relevanten Punkte. Am Ende von Punkt 2 einigen sich alle hinsichtlich der Fragen: „Welches Thema steht an?" – „Was wäre für den Protagonisten ein guter nächster Schritt?" – „Welchen Beitrag kann die Gruppe dafür leisten?"

Verknüpft mit diesen Fragen, einigt sich die Gruppe hinsichtlich einer dazu passenden Inszenierung für den aktuellen Werkstattprozess (Punkt 3). Hierfür können alle Beteiligten (systemische) Ideen und Konzepte einbringen, die ihrer Meinung nach geeignet sein könnten, den Protagonisten bestmöglich zu unterstützen. Vorstellbar sind neben einer Beratung, einem Brainstorming oder dergleichen beispielsweise auch Inszenierungen wie ein Rollenspiel oder Aufstellungsarbeit.

Werkstattarbeit

Ziel	
• Einblick in aktuelle Projekte und Themen • Plattform zum Ideensammeln und Experimentieren • Integration und Transfer systemischer Ideen und Konzepte • übergreifender Austausch über Effekte und persönliches Lernen	
Prozedere	
1) Untergruppe – 1 Protagonist – 1 Moderator	
2) Exploration mit Kontrakt: • Klientensystem • Vorgeschichte • Rollen – Beteiligte • Auftrag – Ziel • Ist-Situation Abschluss der Ortsbegehung mit der Arbeitsfrage: • Was wäre für dich ein guter weiterer Schritt? • Was können wir hier beitragen?	20 min
3) Brainstorming: Hypothesen (kausal, Wirkzusammenhänge, persönliche Muster ...), der Protagonist kommentiert und bewertet.	10 min
4) Brainstorming und kollegiales Sparring: • inhaltliches Arbeiten • Entwickeln nächster Schritte • Vorschläge zur weiteren Inszenierung	50 min
5) Austausch und Feedback zur Werkstattarbeit: • Prozess • Ergebnis • Personen	10 min

Im Rahmen dieser Inszenierung definiert und verteilt die Gruppe die zur Inszenierung passenden Rollen für die Werkstattarbeit: Wer ist der Regisseur? Welche weiteren Rollen braucht es gemäß der vereinbarten Inszenierungsidee?

Daran anschließend wird die ausgewählte Inszenierung umgesetzt (Punkt 4).

Die Übung endet mit der Reflexion sowohl der umgesetzten Inszenierungsidee, der dabei erbrachten Regieleistung wie auch des für den Protagonisten erzielten konkreten Ergebnisses.

Klassische Beratungsübung

Die Beratungsübungen dienen dazu, sich darin zu üben, während einer Beratungsdienstleistung die eigene Aufmerksamkeit auf unterschiedliche Perspektiven zu lenken und dabei die Aspekte einer solchen Dienstleistung zu integrieren (Kontraktgestaltung, Problemdefinition, dazu passender Lösungsweg und Umsetzung in Kommunikation).

Im Gegensatz zu den Designübungen, in denen in Ruhe ausgewählte Perspektiven und Hypothesen erarbeitet werden können, wird in den Beratungsübungen gelernt, sich – bezogen auf das vereinbarte Ziel – zu organisieren sowie Prioritäten zu managen und Komplexität zu steuern und handhabbar zu machen.

Die beobachtenden Kollegen (Berater-Berater) haben bei diesen Übungen die Aufgabe, dem Berater eine Dienstleistung – bezogen auf seine Beratungsdienstleistung – zu erbringen. Sie fokussieren sich demnach nicht auf den Fallgeber und sein Anliegen, sondern helfen dem Beratenden, seine Selbststeuerung an diesem Beratungsbeispiel zu verbessern. Ihr Produkt ist das Lernen des Beraters.

Dieses Vorgehen fördert bei allen Beteiligten die rollen- und fokusspezifische Ausrichtung und den schnellen Wechsel von Rollen (z. B. von der Rolle des Beraters in die Rolle des Beratenen in der Feedbackphase, in die Rolle des Kollegen bei der Reflexion des Lernsettings).

Beratungsübung: Grunddesign

Soll diese Übung mit einer größeren Gruppe durchgeführt werden, kommt es zur Bildung von Untergruppen, die sich jeweils wie folgt zusammensetzen:

Für jede Beratungsgruppe werden ein Klient (A), ein Berater (B) und Berater für den Berater (C, D ...) benötigt. Der Klient skizziert sein Anliegen. Je ein Klient und ein Berater finden sich. C und D ordnen sich zu.

1	Vereinbarung des Rahmenkontrakts	5 min
	a) B steuert sich danach, A – bezogen auf dessen Anliegen und in der verfügbaren Zeit – eine Dienstleistung zu erbringen. b) B hat die Möglichkeit, die Beratung zu unterbrechen (einzufrieren) und sich – bezogen auf den genannten Fokus – Beratung von C und D zu holen. Diese Unterbrechung kann auch zeitlich fest vereinbart werden (z. B. nach 15 min). c) Die Beobachter können auch aktiv Hilfestellung anbieten. Sie orientieren sich daran, was B akut für die Weiterberatung nützlich sein kann. B bestimmt aber, ob und wann er dies nutzen will.	
2	Durchführung der Beratung A mit B. Soweit sich B mit C und D berät, wird diese Zeit unterbrochen.	30 min
3	Reflexion der Beratung	20 min
	a) A und B legen ihre Rollen ab, wechseln in die Rolle professioneller Kollegen und schauen zusammen mit C und D auf die vergangene Beratungssequenz. b) B erhält Rückmeldung, bezogen auf sein Beraterverhalten. Die Beobachter und A erbringen B eine Dienstleistung, bezogen auf dessen Beratungskompetenz. Kein Weiterberaten von A.	
4	Kurze Reflexion des (Unter-)Gruppenprozesses	5 min

Beratungsübung: Beratermarkt II – Beratermarkt in Untergruppen

Zu besetzende Rollen sind hier die des Fallgebers A (in der Untergruppe) sowie die des Beraters oder Berater-Beraters (Beobachters). Diese Rollen übernehmen B oder C oder D oder E. Auch hier übernimmt einer der Berater die Funktion des Moderators und Zeitwächters mit.

Fallgeber, Berater
und Berater-Berater
(Beobachter)

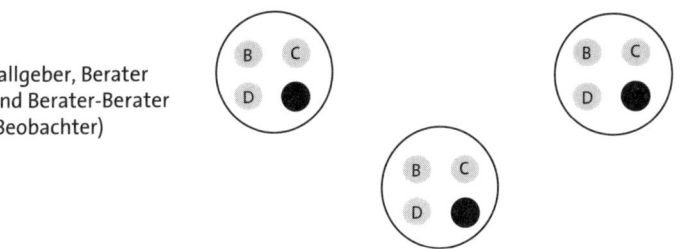

Abb. 3: Beratungssetting im Beratermarkt II:
Beratermarkt in Untergruppen.

In einer Beratermarktübung in einer Kleingruppe (4 Personen: A, B, C, D) stellt A eine Problemstellung aus seiner beruflichen Tätigkeit vor. Er hat dazu einige Minuten Zeit. B, C und D haben die Aufgabe, sich ein Bild vom Anliegen und insbesondere vom Steuerungsproblem As zu machen und eine kollegial-beraterische Dienstleistung zu konzipieren, durch die hier geholfen wäre. B, C und D dürfen je 1–2 kurze Fragen stellen, um für sie wesentliche Aspekte zu erfragen.

Dann geben B, C und D jeder kurz ein Angebot ab. Dies beinhaltet ihr Problem- und Lösungsverständnis und das, was sie in einer anschließenden halbstündigen Beratung mit A tun und erreichen wollen. A wählt ohne Diskussion einen Anbieter aus.

Nehmen wir an, B erhält den Zuschlag, dann ist es seine Aufgabe, mit A die anstehende Beratung durchzuführen. Dafür stehen ihm C und D als Berater-Berater bzw. Supervisoren zur Verfügung. C und D müssen sich also vom konkurrierenden Anbieter darauf umstellen, ihrem Exkonkurrenten Dienstleister zu sein. Gütekriterium ist für B, A gut zu beraten, und für C und D, B gut kollegial zu supervidieren. B führt Regie und muss mit A das Vorgehen in der Beratung und mit C und D die Art der Supervision vereinbaren und im Prozess realisieren.

Dann findet die Beratung von A mit strikter Zeitbegrenzung statt. B kann Cs und Ds Dienste während Unterbrechungen und/oder in der abschließenden Auswertung abrufen. Auch dafür gibt es ein Zeitkontingent.

Nach Abschluss der Beratung und ihrer Auswertung bzw. nach dem Feedback für B geht die Aufmerksamkeit auf die anfängliche Marktsituation zurück. A gibt B, C und D Rückmeldung, warum und wie ihr Angebot gewirkt hat bzw. warum es angenommen wurde oder nicht. Die jeweils anderen ergänzen das Feedback über das Marktverhalten in dieser Situation. Insbesondere erfährt B, ob „Markterfolg" und erbrachte Leistung zusammenpassen. Manche sind gut im Markt, erfüllen aber die Versprechungen nicht. Andere könnten es ganz gut, kommen aber nicht zum Zug, weil sie den Kunden nicht gewinnen.

Dann bekommt A Feedback über sein Auswahlverhalten und darüber, ob er das Angebot und die zu erwartenden bzw. erbrachten Leistungen richtig eingeschätzt hat. Es geht dabei darum, wie er sich als Bewerter von relevanten Bedarfen und Leistungen gezeigt hat, sprich um seine Kompetenz als Einkäufer und Vermittler von Dienstleistungen.

Dann begeben sich alle auf eine Metaebene zur bisher abgelaufenen Übung und sprechen über ihre Erfahrungen im Prozess und ihr inneres Erleben.

Im Design dieser Übung ist unmittelbar zu spüren, dass sie ein ganzes Spektrum von Arbeitsebenen und Lernfragestellungen integriert. Die vielfältigen Betrachtungsweisen und Arbeitsebenen erfordern Flexibilität und Disziplin, ein effektives Zusammenspiel in wechselnden professionellen Rollen, Praxisbezug und einen ökonomischen Umgang mit Ressourcen. Inhalte des Beratungsanliegens und die einzelnen Beratungsfiguren sind in einen komplexen ganzheitlichen und praxisrelevanten Zusammenhang eingebettet.

Die Praxisnähe, die notwendige Fokus- und Rollendisziplin, das gezielte Wechseln der Kommunikationsebenen, die Verknüpfung von persönlichem Lernen mit sachlich-organisationalen Fragestellungen sowie die Bewährung in der Kommunikation beim Kunden werden durch eine solche Schilderung in ihrer Vielschichtigkeit unmittelbar spürbar und sind Elemente professioneller Kompetenz.

Beratungsübung: Beratermarkt – in Untergruppen

Plenum: Aufteilung in Untergruppen und Einnehmen der Rollen des Fallgebers A und der Berater B, C und D. Besetzen der Rolle des Moderators/Zeitwächters E und des Beobachters F. (Gesamtdauer: ca. 85 min.)

1	Anberaten des Anliegens durch B, C und D im Sinne einer Ortsbegehung; dabei werden 2–3 zentrale Fragestellungen herausgearbeitet	15 min
2	B, C und D überlegen sich: • Was ist das Problem bzw. die Entwicklungsherausforderung von A? • Was wären dazu passende Lösungen bzw. Entwicklungsschritte? • Was wäre mein Beratungsangebot. und wie würde ich es realisieren? • Was stelle ich mir dabei vor, was wirkt? • Wie wäre das Problem dann gelöst?	15 min
3	B, C und D skizzieren ihr Angebot gegenüber A.	je 3 min
4	A entscheidet sich für ein Angebot (ohne Begründung).	
5	Durchführung der Beratung durch den ausgewählten Berater	20 min
6	Die Beobachter geben dem Berater Feedback bezüglich ihres Beraterverhaltens.	10 min
7	Zur Marktsituation und Auswahl begründet A jedem der anderen (Ergänzung durch Feedback der anderen): • Ich habe dich gewählt, weil ... • Du hättest bessere Chancen gehabt, wenn ...	5 min
8	Kurze Nachbesprechung und Reflexion der Untergruppenübung	10 min

Beratungsübung: Beratermarkt III – Beratermarkt im Plenum

Die Beschreibung der Beratungsübung „Beratermarkt im Plenum" entspricht im Ablauf der Designübung „Beratermarkt I": Beratermarkt im Plenum bis zur Präsentation der Beratungsangebote im Plenum. Wählt in der Designvariante der Fallgeber nun ein Angebot aus und begründet dies, so entscheidet sich der Fallgeber in der Beratungsübung für ein Angebot und wählt ein Beraterteam aus. Daraufhin verständigen sich Fallgeber und das ausgewählte Beraterteam über die Rollenverteilung und den Ablauf der nachfolgenden Beratung. Denkbar ist eine 1:1-Beratung (ein Teammitglied geht in die Beraterrolle, und die anderen unterstützen ihn in der Rolle der Berater-Berater) oder eine Tandemberatung (zwei Teammitglieder als kooperierende Berater und zwei Berater-Berater).

Während die Beratung durchgeführt wird, nehmen die nicht gewählten Untergruppenteams die Beobachterrolle ein (möglich auch in Form von Reflecting Teams, s. Abschn. 2.1.2). Denkbar ist, dass jedes Untergruppenteam einen eigenen Beobachtungsfokus wählt wie z. B. das Beraterverhalten, Abstimmung im Beratertandem, Prozessgestaltung. Diese Beobachtungen können im anschließenden Reflexionsprozess allen Teilnehmern zur Verfügung gestellt werden.

Die Übung endet mit einer Reflexion des Gesamtprozesses.

Beratungsübung: Beratermarkt – Beraterteams im Plenum

1	Kurze Darstellung des Anliegens und Formulierung der Fragestellung des Fallgebers	5 min
2	Vier Untergruppenteams tauschen sich im Plenum über ihren Eindruck aus und bereiten die nachfolgende Befragung des Fallgebers vor.	15 min
3	Je ein Vertreter der Gruppe hat ca. 7 min Zeit, den Fallgeber zum Anliegen zu befragen.	30 min

4	Die Untergruppenteams ziehen sich zurück, diskutieren ihre Einschätzung der Problematik und erstellen ein Design für ein Beratungsangebot an den Fallgeber. Sie überlegen sich: • Welches ist das Problem bzw. die Entwicklungsherausforderung von A? • Welches wären dazu passende Lösungen bzw. Entwicklungsschritte? • Welches wäre mein Beratungsangebot, und wie würde ich es realisieren? • Was stelle ich mir dabei vor, was wirkt? • Wie wäre das Problem dann gelöst?	20 min
5	Im Plenum: Je ein Vertreter der Untergruppen macht dem Fallgeber ein Angebot über eine nachfolgende Beratung im Sinne von: • Was halten wir aufgrund dessen, was wir gehört haben, für wesentlich? • Welche Fragestellungen wären für diesen Fokus die nächsten und wichtigen, die abzuklären wären? • Wie würden wir konkret vorgehen?	je 10 min, Gesamt-zeit: 40 min
6	Der Fallgeber entscheidet sich für ein Angebot und wählt ein Beraterteam aus. Fallgeber und Beraterteam verständigen sich über Rollenverteilung und Ablauf der nachfolgenden Beratung (1:1-Beratung, Beratertandem). Die nicht aktiv beratenden Teammitglieder wechseln in die supervidierende Kollegenrolle.	5 min
7	Durchführung der Beratung. Die anderen Untergruppenteams beobachten aufmerksam den Beratungsprozess (Fishbowl) und stellen dem Fallgeber und Beraterteam im nachfolgenden Reflexionsprozess ihre Beobachtungen zur Verfügung.	20 min
8	Dialogische Reflexion des Gesamtprozesses im Plenum. Mögliche Fokussierungen für den Fallgeber können dabei sein: • Ist bei der Beratung herausgekommen, was du dir versprochen hast? • Denkst du, du hast gut gewählt? • Würdest du mit dem Berater den Beratungskontrakt fortsetzen? • Was hat dich an der Beratung überzeugt? • Was war schwierig, woran hast du es gemerkt? • Wie lange würdest du die Beratung fortsetzen?	20 min

Variante zum Beratermarkt im Plenum: Kooperationswerkstatt und Zusammenarbeit im Projekt

Als Variante der oben vorgestellten Übung „Beratermarkt im Plenum" möchten wir die Kooperationswerkstatt „Zusammenarbeit im Projekt" vorstellen.

Für diese Variante ist ein Szenario denkbar, in dem zur kollegialen Beratung die Mitglieder eines größeren Projektes vor Ort anwesend sind. Ziel der kollegialen Beratung ist hier, die einzelnen Projektteams in ihrer Zusammenarbeit zu unterstützen.

Im Rahmen dieses Projekts sind verschiedene Prozessgruppen involviert (Planung, Kommunikation, Kalkulation, Umsetzung). Alle Projektmitglieder arbeiten vor Ort und haben die Möglichkeit, sich miteinander kollegial zu auftretenden projektbezogenen Organisationsthemen zu beraten. Das Arbeiten im Setting „Kooperationswerkstatt" bietet sich beispielsweise auch an für eine möglichst reibungslose Zusammenarbeit dieser Untergruppen mit fließendem Informationsaustausch sowie gemeinsamer Planung und Entwicklung nächster Schritte.

Ein zweites Szenario könnte sein: In einem größeren kollegialen Beratungsteam (10–14 Personen) stellt ein Teilnehmer A sein Anliegen aus seiner Projektarbeit in seiner Organisation vor. Zur Bearbeitung des Anliegens nutzt A die Ressourcen aus diesem Beratungsteam, wobei jedoch die Teammitglieder nicht in den Arbeitskontext von A involviert sind. Ziel der kollegialen Beratung ist hier, dem Fallgeber A Ideen und Anregungen zur inhaltlichen und prozessgemäßen Steuerung des Projekts zu bieten.

Ein Beispiel eines Anliegens könnte sein: Als Schlüsselperson im Rahmen eines Change-Prozesses einer Rehabilitations-Klinik ist Person A verantwortlich für ein Projekt und die Koordination verschiedener Arbeitsgruppen wie etwa „Öffentlichkeitsarbeit", „interne Prozessabläufe" und „Kooperation (mit anderen Organisationen aus dem Gesundheitswesen)". Die Beratungskollegen erarbeiten in Zweier- oder Dreierteams mit dem Fokus der unterschiedlichen Arbeitsgruppen wesentliche thematische Zusammenhänge und nächste Schritte in Bezug auf das Anliegen von A. Hierbei behalten die einzelnen Arbeitsteams stets die Abstimmung und Kooperation mit den anderen Arbeitsteams im Blick und zeigen dafür notwendige Aspekte der Kommunikation und Klärung auf.

Der Lerneffekt beider Varianten liegt sowohl in der kollegialen Zusammenarbeit und Abstimmung innerhalb jedes Beratungsteams als auch in der Kooperation zwischen den einzelnen Teams.

Beratungsübung: Kooperationswerkstatt – Projektteams im Plenum

1	Kurze Darstellung des Anliegens und Formulierung der Fragestellung des Fallgebers	5 min
2	Die Untergruppenteams (je 2–4 Teilnehmer) tauschen sich im Plenum über ihren Eindruck aus und bereiten die nachfolgende Befragung des Fallgebers vor.	15 min
3	Je ein Vertreter der Gruppe hat ca. 7 min Zeit, den Fallgeber zum Anliegen zu befragen.	30 min
4	Die Untergruppenteams stimmen sich im Plenum bezüglich ihrer Teilprojektfokussierung ab, die zueinander passend sein müssen.	10 min
5	Die Untergruppenteams ziehen sich zurück, diskutieren ihre Einschätzung der Problematik und erstellen ein Design für die Zusammenarbeit im Gesamtprojekt mit folgenden Perspektiven: • Welches ist das Problem bzw. die Entwicklungsherausforderung von A/im Projekt? • Welches wären dazu passende Lösungen bzw. Entwicklungsschritte? • Was kann mein Teilprojekt leisten, und wie kann ich dies mit den Leistungen anderer Teilprojekte gemeinsam umsetzen? • Welche Nahtstellen sind dabei wichtig? • Welche nächsten Schritte im Projektprozess lassen sich daraus ableiten?	20 min
6	Im Plenum: Je ein Vertreter der Untergruppen stellt dem/den Kollegen die Arbeitsergebnisse vor: • Welches sind die wesentlichen inhaltlichen Arbeitsergebnisse? • Wo sehen wir wichtige Weichen für Kommunikation und Kooperation zwischen den Projektteams/im Projekt? • Wie würden wir konkret vorgehen?	40 min
7	Der Fallgeber erarbeitet zusammen mit den Projektteams die Umsetzung der Arbeitsergebnisse in die Praxis.	30 min
8	Dialogische Reflexion des Gesamtprozesses im Plenum	10 min

2.1.2 Die Rollen

In der kollegialen Beratung übernimmt jeder der Teilnehmer eine klar definierte Rolle, die er im Rahmen der Sitzung beibehält. Werden bei einem Treffen mehrere Anliegen bearbeitet, so wechseln die Rollen nach jeder Anliegenrunde. Jede Rolle ist klar definiert durch bestimmte Aufgaben und ein Bündel von Verhaltensweisen und Fragen. Im Sinne des Erbringens einer Dienstleistung und des Gelingens der Methode ist es wichtig, dass diese Rollen durchgehalten werden.

Der Fallgeber bzw. Ratsuchende

Die Person, die ihr Anliegen, ihren „Fall" der Beratungsgruppe präsentieren möchte, wird als Fallgeber oder Ratsuchender bezeichnet. Der Fallgeber ist bereit, offen über sein Anliegen zu sprechen, und hat ein echtes Interesse an einer Lösung. Dabei ist er auch damit einverstanden, über persönliche Schwierigkeiten zu sprechen und eigene Gefühle zu thematisieren.

Die Aufgabe des Ratsuchenden ist es also, das Anliegen möglichst umfassend darzustellen. „Umfassend" meint dabei, dass in der Darstellung sowohl die Inhalts- und Sachebene als auch die emotionale und Beziehungsebene berücksichtigt werden. Gerade für die Darstellung der emotionalen und sozialen Ebene kann es sehr nützlich sein, eine Form der bildlichen Darstellung (Metapher oder Analogie) zu verwenden. Findet der Fallgeber hier ein ihm hinreichend erscheinendes Bild, so ist dies gleichzeitig eine sehr vielschichtige und aussagekräftige Darstellungsform – und doch verliert sich der Fallgeber nicht in Problemschilderungen. Gleichzeitig hat die Beratergruppe die Möglichkeit, mit diesem Sprachbild zu arbeiten und sich verschiedene Interpretationsmöglichkeiten zu erlauben.

Der Ratsuchende hat die Chance, sich im Verlauf der Beratung von den Eindrücken, Hypothesen und Vorschlägen seiner Kollegen anregen zu lassen und neue Perspektiven auf das eigene Anliegen einnehmen zu können. Treffende Analysepunkte und Lösungsvorschläge ermöglichen ihm eventuell bereits in der Arbeitsrunde, die nächsten eigenen Schritte konkret zu formulieren.

Gelingt es dem Ratsuchenden, trotz hoher thematischer und persönlicher Beteiligung zu seinem Anliegen auf Distanz zu gehen, so ist er in der Lage, die Perspektiven seiner Kollegen als Erweiterung des eigenen Spektrums zu nehmen und damit sowohl die thematischen Zusammenhänge als auch die eigene Person in einem anderen Licht zu sehen. Dabei ist die Haltung zwar in Bezug auf das eigene Verhalten selbstkritisch, doch es besteht kein Anlass zur Rechtfertigung des eigenen Verhaltens. Der Fallgeber stellt vielmehr seine bisherige Sicht der Situation infrage und schafft damit Raum, sich von den Ideen der Kollegen anregen zu lassen.

Die Berater

Die Berater treten dem Fallgeber in respektvoller Haltung und mit ehrlichem Interesse entgegen. Sie stellen sich bis zu einem gewissen Maß auf die Sichtweise des Fallgebers ein und akzeptieren, dass das Geschilderte für diesen ein Problem darstellt. Ihre Eindrücke und Wahrnehmungen spiegeln sie offen, ehrlich und ressourcenorientiert. Während der Darstellung des Falls unterbrechen die Berater nicht und kommentieren auch nicht. Am Ende der Schilderung haben sie die Möglichkeit, Verständnisfragen zu stellen und Zusammenhänge zu klären.

Die Berater reflektieren den Fall vor ihrem eigenen professionellen und persönlichen Hintergrund und tauschen sich dazu aus. Der Fallgeber hat den größtmöglichen Nutzen, wenn sich ihm ein variantenreiches Analyse- und Argumentationsspektrum eröffnet und die Berater nicht zu schnell ihre Eindrücke bewerten und/oder verwerfen. Eine Auswahl und Bewertung bleibt dem Fallgeber vorbehalten.

Wichtig ist – auch wenn man selbst bereits ganz ähnliche Situationen erlebt hat –, das eigene Vorgehen nicht als Lösung oder Erfolgsrezept zu präsentieren. Die Aufgabe der Berater ist es, Ideen zu liefern und den Fallgeber darin zu unterstützen, die für ihn passenden nächsten Schritte oder beste Lösung selbst zu finden.

Der Moderator und Zeitwächter

Der Moderator achtet darauf, dass die verschiedenen Arbeitsphasen in ihrer Abfolge eingehalten werden, und moderiert ihre Übergänge. Er kann daher auch die Rolle des Zeitwächters mit übernehmen, denn es ist von großer Bedeutung für die Methode der kollegialen Beratung, dass die unterschiedlichen Sequenzen sowohl inhaltlich als auch innerhalb des vorgesehenen zeitlichen Rahmens durchgeführt werden.

Des Weiteren hat der Moderator die Aufgabe, darauf zu achten, dass alle Teilnehmer sich gemäß ihrer Rolle beteiligen, beim Thema bleiben und in ihrer Kommunikation den grundsätzlichen Regeln folgen.

Erfahrungsgemäß ist der Moderator besonders gefordert, darauf zu achten, dass eine klare Trennung zwischen den Phasen „Analyse und Hypothesengenerierung" und „Lösungsideen" erfolgt.

Der Beobachter – das Reflecting Team

Der Beobachter beobachtet die Teilnehmer während der kollegialen Beratung und macht sich Notizen zu den einzelnen Phasen und Rollen. Er greift jedoch nur im „Notfall" in den Prozess ein: wenn er einen Verstoß gegen die Methoden- oder Rollendisziplin beobachtet. Nach Abschluss der Beratung gibt er Feedback zum Prozess und zu jedem Teilnehmer.

Die Rolle des Beobachters ist nicht zwingend notwendig, stellt jedoch besonders dann einen großen Mehrwert dar, wenn sich eine Arbeitsgruppe neu findet bzw. wenn die Methode der kollegialen Beratung den Teilnehmern noch neu ist. Dann stellt das Feedback des Beobachters eine große Hilfe dabei dar, die Methode möglichst nutzbringend einzusetzen, die Rollen zu beherrschen und die Zusammenarbeit zu verbessern.

Eine Erweiterung dieser Rolle stellt der Einsatz eines reflektierenden Teams (eines Reflecting Teams) dar. Zum historischen Hintergrund sei auf die Arbeit reflektierender Teams im Kontext systemischer Therapiegespräche und zur Methode des Reflexionsgesprächs auf die Literatur von Tom Andersen (1990) verwiesen.

2.1.3 Der Prozess

Der Prozess der kollegialen Beratung gliedert sich in unterschiedliche Phasen, an deren geordnetem Ablauf sich die Arbeit der Berater orientiert. Diese klare Strukturierung ist einer der Erfolgsfaktoren der Methode. So lässt sich das vielschichtige und komplexe Geschehen einer Beratung in Abschnitte gliedern. Außerdem lassen sich unterschiedliche mit dem Anliegen verzahnte Problemfelder identifizieren und handhaben – beispielsweise in Form eines Folgeanliegens. Denn in der Phase der gründlichen Information der Berater durch den Fallgeber (Anliegenschilderung und anschließende Befragung) entsteht eine Fokussierung auf eine konkrete Fragestellung. Bereits diese Fokussierung kann ein erster wichtiger Schritt im Sinne von Klärung bedeuten – auch Klärung in Bezug auf das, was in dieser Beratungsrunde *nicht* bearbeitet werden wird, jedoch relevant ist.

Die daran anschließenden Phasen der Analyse bzw. Hypothesenbildung und Lösungssuche sind gerade in ihrer Getrenntheit zu beachten. Denn ein transparenter Erarbeitungsprozess von der Analyse/Hypothese zur Lösung ermöglicht dem Fallgeber die u. U. notwendige Haltungsänderung im Sinne erfolgreichen Lösungshandelns (zur Bildung von Hypothesen s. auch Abschn. 2.1.5).

Vorbereitung

In der Phase der Vorbereitung werden die Rollen verteilt, der Moderator und Zeitwächter, der die Sitzung strukturiert bzw. den Prozess moderiert, wird ausgewählt, und der Ratsuchende und die Berater werden festgelegt. Sollte die Anzahl der Teilnehmer nicht dagegensprechen, wird die Rolle des Beobachters besetzt.

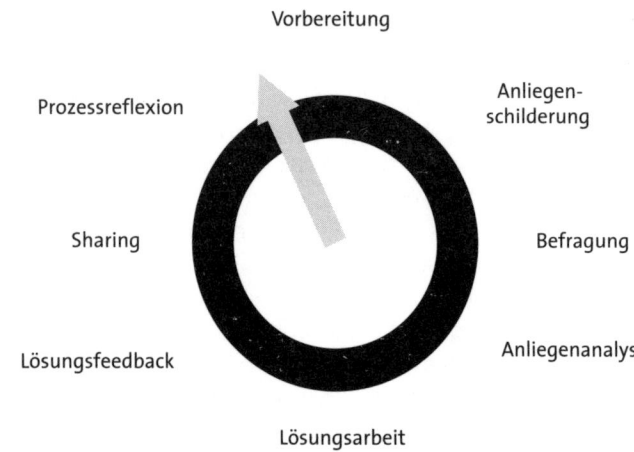

Abb. 4: „Die Phasenuhr": die Arbeitsschritte im Prozess kollegialer Beratung

Der Fallgeber entwickelt ein Bild der Situation. Dies kann eine Metapher, eine Analogie oder ein Symbol sein. Es kann nützlich sein, dieses Bild auf einem Flipchart darzustellen. Zum Ausdruck kommen soll darin die aktuelle Situation und das subjektive Empfinden des Fallgebers (Gefühle, Erwartungen).

Gerade bei komplexen Anliegen ist es für den Beratungsprozess von Vorteil, wenn alle an der dem Anliegen zugrunde liegenden Situation Beteiligten (auch der Fallgeber) in ihren

Rollen und Funktionen sowie ihrer Beteiligung an der Problematik in visualisierter Form festgehalten werden.

Eine ausführliche Vorbereitungsphase kann sich auch dann als lohnend erweisen, wenn in der Phase der Sammlung von Anliegen bei den Teilnehmern Bedenken auftreten, ihr Thema sei eventuell zu komplex und mit allen wichtigen Informationen den anderen zu schwer zu vermitteln. Dies ist u. U. für den Einzelnen dann ausschlaggebend, das Thema nicht einzubringen.

Mithilfe grafischer Darstellungsformen kann diese Hürde genommen werden. Eine Form der grafisch-strukturierenden Arbeit in der Vorbereitungsphase kann auch die Arbeit auf der Basis des Thomann-Schema darstellen (vg. dazu Schulz von Thun 2006, S. 34 ff.).

Anliegenschilderung

Der Ratsuchende schildert sein Anliegen anhand seines Bildes und beschreibt so ein Beispiel, einen Fall oder eine exemplarische Situation. Er versucht, sein Problem bzw. seine Fragestellung zu definieren und einen Fokus festzulegen.

Die Gruppe hört dem Fallgeber ohne Unterbrechung ruhig und aufmerksam zu. Dabei achtet sie insbesondere auf seine Stimme und den Tonfall, Haltung, Mimik und Gestik sowie seine und eigene Reaktionen (Gefühle, innere Bilder, Fantasien, Assoziationen).

Anregungen für Fragen, die sich der Fallgeber anlässlich seiner Schilderung stellen könnte:

- Wie erlebe ich die Situation?
- Welches ist meine Rolle in der Situation?
- Welches sind meine Ziele und Wünsche?
- Welches sind meine Gedanken und Gefühle?
- Wie hat sich die Situation entwickelt/verändert? Was ist bisher geschehen?
- Was habe ich bisher getan, um mein Problem zu lösen?

- Welche Folgen und Konsequenzen hatten mein Verhalten und Handeln bisher?
- Was wurde mir eventuell in einer anderen Beratung empfohlen?
- Was davon hat geholfen, was nicht? Welches sind dafür meine Erklärungen? Was könnte meiner Meinung nach noch fehlen?

In der Anliegenschilderung durch den Fallgeber bezüglich seiner Fragestellung lässt sich nach unserer Erfahrung eine unterschiedliche Gewichtung feststellen. So kann der Fallgeber sein Anliegen mit Schwerpunkt auf einer eher sachorientierten Frage schildern, oder er legt größeren Wert darauf, Lösungsoptionen hinsichtlich des Problems in Bezug auf den von ihm gewählten persönlichkeitsorientierten Fokus zu erhalten. Eine dritte Möglichkeit wäre: Der Fallgeber wünscht sich einen rein fachlichen Austausch zu theoretischen Inhalten und den Transfer in die Praxis. Je nach Ausrichtung der Fragestellung können sich unterschiedliche von uns vorgestellte Arbeitsdesigns kollegialer Beratung als vorteilhaft erweisen. Folgendes *Beispiel* ist vorstellbar: Dem Fallgeber wurde aktuell Projektverantwortung übertragen. Gesamtverantwortung für ein Projekt zu tragen ist für ihn jedoch neu, und er wünscht sich konkrete Unterstützung für sein weiteres Vorgehen im Sinne eines guten Projektmanagements. Im Beratungsteam ist ein erfahrener Projektmanager, der in der Lage ist, dieses sachorientierte Anliegen zu bedienen. In diesem Fall ist es u. U. nicht notwendig, eine ausführliche Phase der Hypothesengenerierung zu erarbeiten, sondern hier kann sich das Arbeiten nach einem grundsätzlich anders gewichteten Design anbieten (z. B. nach der unter 2.1.1 vorgestellten Werkstattarbeit).

Hier unterscheidet sich unsere Arbeitsweise beispielsweise von der bei Kopp und Vonesch (2003) vorgestellten, die die von ihnen vertretene Prozessstruktur kollegialer Beratung je nach Anwendungsfeld unterschiedlich methodisch gewichten (sie unterscheiden drei Anwendungsfelder: Lösung fachlicher

Probleme, Unterstützung persönlicher Entwicklung, Wissensmanagement und -austausch, vgl. ebd., S. 56–60).

Das Anliegen so klar und trennscharf einem der drei Anwendungsfelder zuzuordnen ist nach unserer Erfahrung jedoch
nicht immer möglich. Nicht selten sind sachorientierte Fragestellungen auch mit persönlichkeitsorientierten Themen ver-
woben, und ein Verständnis dafür, in welche Richtung eine Beratungsdienstleistung gehen sollte, entsteht beispielsweise erst
in der Befragungsphase.

Wird kollegiale Beratung in einer Organisation eingeführt,
und soll sie von den Mitarbeitern als Arbeitsform dafür genutzt werden, arbeitsbezogene Probleme zu lösen, so ist denkbar, dass gerade zu Beginn Hemmungen auftreten, Anliegen
einzubringen. Dies kann zum einen am noch nicht entwickelten vertrauensvollen Arbeitsklima liegen („Was passiert mit
den Informationen, wenn ich hier über Schwierigkeiten spre-
che?").

Denkbar ist zum anderen jedoch auch, dass die Teilnehmer
schlicht der Meinung sind, keine Fälle zu haben. Ein erster
Schritt kann dann sein, die Benennung „Fall" zu diskutieren
(„Was kann ein ‚Fall' sein?") und statt von „Fällen" – womit möglicherweise ein eher therapeutischer Kontext assoziiert
wird – von „Themen" zu sprechen. Geeignete Themen müssen
nicht zwangsläufig (konkrete) Probleme sein, sondern können
auch Sachverhalte, Fragen oder Überlegungen sein, die der Person immer wieder auffallen bzw. sie beschäftigen und zu denen
ihr ein kollegialer Austausch konstruktive andere Meinungen
und Sichtweisen bringen könnte und damit nützlich wäre. Um
solche Themen zu generieren, ist es eine Möglichkeit, dass
sich die Teilnehmer in Kleingruppen austauschen und dabei
das Diskutierte sammeln. Diese Form der Selbstreflexion im
Dialog entlastet davon, unmittelbar im Plenum ein Anliegen
strukturiert einbringen zu müssen – sofern einem keines „auf
den Nägeln brennt".

Befragung

In der Phase der Befragung hat die Gruppe nun die Gelegenheit, alle ihre Fragen zur Klärung der Sachlage zu stellen, Informationslücken zu schließen und den Fall zu strukturieren („W-Fragen"). Dabei sollen keine Bewertungen vorgenommen werden, es soll keine Diskussion entstehen, und es sollen keine Lösungsvorschläge eingebracht oder Ratschläge erteilt werden.

Der Ratsuchende bemüht sich darum, alle gestellten Fragen zu beantworten.

Auftragsklärung und Kontrakt: die Steuerungsfrage
(zum Thema [Selbst-]Steuerung siehe auch Abschn. 3.5.2).

Nachdem diese beiden ersten Prozessphasen durchlaufen sind, haben Ratsuchender und Beratungsgruppe sich zu Folgendem verständigt:

• Welches ist in der geschilderten Situation der aktuelle Anlass für den Ratsuchenden, sich jetzt Beratung zu holen?
• Wie lautet das Anliegen des Ratsuchenden, welches er der Beratungsgruppe vorträgt?

Die Verständigung von Ratsuchendem und Berater(gruppe) über Anlass und Anliegen sind Voraussetzung für die Klärung des Auftrags an die Berater, also dafür, in welcher Rolle der Berater/die Beratergruppe vom Ratsuchenden angefragt wird und wie dieser/diese sich entsprechend in ihrem Handeln steuern (Beispiel: Hat der Ratsuchende das Anliegen, fachliche Beratung zum Thema „Wie führe ich ein Mitarbeitergespräch?" zu erhalten, werden die Berater in einer anderen Rolle angefragt als beispielsweise zum Anliegen „Wie kann ich besser mit meinem Kollegen zusammenarbeiten?").

Der Auftrag an den Berater/die Beratergruppe ist Grundlage des Beratungskontraktes. Kontrakte in diesem Zusammenhang sind auf der Basis freier Entscheidung getroffene Vereinbarungen, in denen festgelegt wird, was zu tun ist, woran gearbeitet werden soll und welche gegenseitigen Erwartungen bestehen. Als solche stellen Kontrakte ein Grundprinzip der Steuerung von Beratung dar, da sie helfen, mit der in einer Beratungssituation sich eröffnenden Komplexität sinnvoll umzugehen.

Am *ISB* verwenden wir das Konzept des Steuerungsdreiecks, welches die oben ausgeführten drei Dimensionen der Komplexitätssteuerung in der (professionellen) Begegnung abbildet.

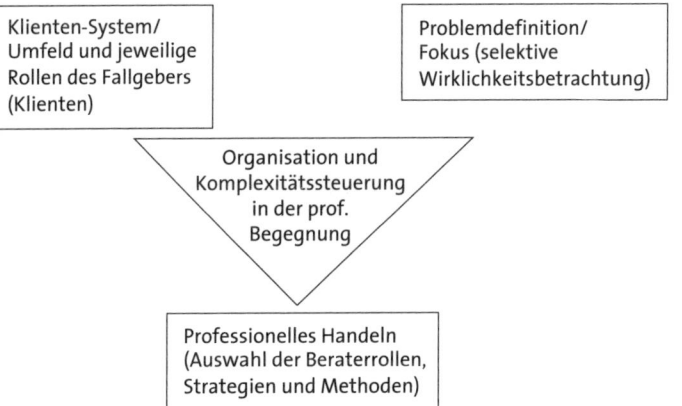

Abb. 5: Dimensionen der Komplexitätssteuerung in der professionellen Begegnung (nach Schmid u. Hipp 1998, S. 13)

Die Frage der Steuerung ist noch aus einer weiteren Perspektive für den Ratsuchenden wie für den Berater/die Beratergruppe sehr zentral für den Prozess und das Ergebnis von Beratung.

Erfolgsrelevant für Beratung ist allseitige Klarheit bezüglich der Frage, inwiefern die geschilderte Fragestellung ein Steuerungsproblem für den Ratsuchenden darstellt. Mit der Thematisierung der sogenannten *Steuerungsfrage* soll der Blick des Ratsuchenden für die eigene Wirksamkeit (im System) geschärft werde. Diese Frage könnte etwa lauten: Wie kann ich durch die Veränderung meiner Steuerung einen Unterschied machen?

Im Zusammenhang mit dieser Steuerungsfrage stehen Antworten des Fallgebers auf die Fragen nach: Welches ist meine Verantwortung (in der Situation/am geschilderten Problem)? Welches sind meine Kompetenzen und meine Möglichkeiten (im Sinne eines Lösungsbeitrags; vgl. dazu Abschn. 3.5.2)?

Durch die Beschäftigung mit solchen Fragen werden Lernprozesse in Gang gebracht, die zwar das konkrete Anliegen als Ausgangspunkt haben, deren Ergebnisse jedoch auf andere Situationen übertragbar sind. Somit wird zwar zunächst Komplexität erhöht, indem weitere Bezüge und Differenzierungen zwischen Fallgeber und Problemsituation vorgenommen werden, wodurch die Vielschichtigkeit von Wirklichkeitskonstruktionen sichtbar wird. Das Fokussieren der eigenen Selbststeuerung dabei führt jedoch langfristig zu Komplexitätsreduktion, da Situationen und das eigene Handeln darin überschaubarer werden.

Anliegenanalyse und Hypothesenbildung

Die Gruppe berät bzw. analysiert nun den Fall und das Anliegen. Sie sammelt Assoziationen, Bilder, Hypothesen und Erklärungsansätze, welche die Schilderung bei den Einzelnen ausgelöst hat. Welche Muster, Dynamiken oder Beziehungen könnten – bezogen auf Individuen und Organisationen – bedeutend sein? Es sollen noch keine Lösungsvorschläge diskutiert werden.

Der Ratsuchende hört nur zu und gibt keine Kommentare zu den entworfenen Hypothesen. Er beteiligt sich nicht an der Diskussion.

Nach Abschluss der Phase hat der Fallgeber die Möglichkeit, die Hypothesen zu priorisieren: „Dies ist für mich eine neue/ungewohnte Perspektive." – „Diese Hypothese trifft für mich das Wesentliche." Der Fallgeber kommt mit den Beratern in Bezug auf die für ihn wesentlichste Fragestellung im Sinne eines Arbeitsfokus überein.

Lösungsarbeit

Die Gruppe berät und entwickelt Lösungsvorschläge mit Bezug auf eigene Erfahrungen und stellt hypothetische Lösungsoptionen dar. Die Gruppe bewertet und kritisiert nicht.

Auch der Ratsuchende bewertet oder kritisiert nicht.

Lösungsfeedback

Der Ratsuchende nimmt zu den Ideen und Lösungsvorschlägen Stellung. Er gibt der Gruppe Feedback, welche Beiträge für ihn als Lösung seines Falles relevant werden können, oder entscheidet sich für einen Weg.

Die Gruppe hört der Stellungnahme zu.

Sharing

Der Ratsuchende und die Gruppe tauschen sich aus. In dieser Phase können Gruppenmitglieder Situationen benennen, in denen sie vergleichbare Erfahrungen gemacht haben.

Prozessreflexion

In dieser Phase werden vom Ratsuchenden und der Gruppe das Ergebnis, der Gruppenprozess und die Methode(n) reflektiert. Außerdem erhält der Moderator ein Feedback.

Wurde die Rolle des Beobachters besetzt, so gibt er nun sein Feedback an alle Beteiligten zu ihrem Rollenverhalten und zum Beratungsprozess.

Die folgenden Tabellen geben einen Überblick über die Phasen des Arbeitsprozesses, zuerst allgemein, dann anhand eines konkreten Anliegens.

Kollegialer Beratungsprozess (allgemein)		
Phasen (Dauer: 45–120 min)	**Aufgaben**	
	Ratsuchender/Fallgeber	Beratungsgruppe
Vorbereitung	Die Rollen werden verteilt, der Moderator und Zeitwächter ausgewählt, der die Sitzung strukturiert bzw. den Prozess moderiert, der Ratsuchende und gegebenenfalls die Koberater werden festgelegt.	
Anliegen-schilderung	Der Ratsuchende schildert sein Anliegen und beschreibt ein Beispiel, einen Fall oder eine exemplarische Situation. Er versucht, sein Problem bzw. seine Fragestellung zu definieren und einen Fokus festzulegen.	Die Gruppe hört dem Fallgeber ohne eine Unterbrechung ruhig und aufmerksam zu. Dabei achtet sie insbesondere auf: Stimme und Tonfall; Haltung, Mimik und Gestik; seine und eigene Reaktionen (Gefühle, innere Bilder, Fantasien, Assoziationen).
Befragung	Der Ratsuchende soll sich darum bemühen, alle gestellten Fragen zu beantworten.	Die Gruppe soll nun alle ihre Fragen zur Klärung der Sachlage stellen, Informationslücken schließen und den Fall strukturieren. Dabei sollen keine Bewertungen, keine Diskussion und keine Lösungsvorschläge eingebracht werden.
Anliegen-analyse	Der Ratsuchende hört nur zu und gibt keine Kommentare zu den entworfenen Hypothesen. Er beteiligt sich nicht an der Diskussion.\n\nNach Abschluss der Analyse in der Gruppe hat der Fallgeber kurz die Möglichkeit, die Hypothesen zu priorisieren.	Die Gruppe berät bzw. analysiert nun den Fall und das Anliegen. Sie sammelt Assoziationen, Bilder, Hypothesen und Erklärungsansätze, welche die Schilderung bei den Einzelnen ausgelöst hat. Welche Muster, Dynamiken oder Beziehungen könnten, bezogen auf Individuen und Organisationen, bedeutend sein? Es sollen noch keine Lösungsvorschläge diskutiert werden.

Lösungsarbeit	Der Ratsuchende bewertet oder kritisiert nicht.	Die Gruppe berät und entwickelt Lösungsvorschläge mit Bezug auf eigene Erfahrungen und stellt hypothetische Lösungsoptionen dar. Auch die Gruppe bewertet und kritisiert nicht.
Lösungs-feedback	Der Ratsuchende nimmt zu den Ideen und Lösungsvorschlägen Stellung. Er gibt der Gruppe Feedback, welche Beiträge für ihn als Lösung seines Falles relevant werden können, oder entscheidet sich für einen Weg.	Die Gruppe hört der Stellungnahme zu.
Sharing	Der Ratsuchende und die Gruppe tauschen sich aus. In dieser Phase können Gruppenmitglieder Situationen benennen, in denen sie vergleichbare Erfahrungen gemacht haben.	
Prozess-reflexion	In dieser Phase werden vom Ratsuchenden und der Gruppe das Ergebnis, der Gruppenprozess und die Methode((n) reflektiert. Außerdem erhält der Moderator ein Feedback.	

Kollegialer Beratungsprozess (exemplarisch)	
Phasen (Dauer: 45–120 min)	
Vorbereitung	*Es können eine Reihe von Anliegen gesammelt werden, und man entscheidet sich in der Gruppe für ein Anliegen.*
Anliegen-schilderung *(durch den Fallgeber)*	„Wie integriere ich einen Mitarbeiter meines Teams, der zwar fachlich sehr gut arbeitet, dem es jedoch sehr schwerfällt, mit anderen im Team zusammenzuarbeiten?" *Fragestellung* an die Gruppe: „Hintergründe der Situation besser erkennen und verstehen, Ideen und Impulse für eine Integration des Mitarbeiters erhalten, konkrete Schritte für die nächste Zeit sammeln, um dem Mitarbeiter passende Unterstützung geben zu können."
Befragung *(durch das Beraterteam)*	„Woran zeigt sich konkret, dass der Mitarbeiter nicht gut zusammenarbeitet? Wie kann man sich eine beispielhafte Situation vorstellen? Ist das Verhalten des Mitarbeiters schon immer so gewesen?" „Wie nehmen die anderen Teammitglieder die Situation wahr?" „Was machen Sie, wenn Ihnen mal wieder auffällt, dass es zu schwierigen Situationen kommt?" „Was vermuten Sie selbst, warum es dem Mitarbeiter schwerfällt, sich gut mit den anderen abzustimmen?" „Was tun Sie, was tun die anderen Teammitglieder, um etwas an der Situation zu ändern? Was hat in der Vergangenheit zu einer Verbesserung beigetragen?"
Anliegenanalyse *(durch das Beraterteam)*	„Dem Mitarbeiter fehlt die Anerkennung/Wertschätzung vom Teamleiter/den anderen Teammitgliedern." „Der Mitarbeiter hat einen schwierigen privaten Hintergrund, den er ‚mit in die Firma nimmt'." „Im Team selbst herrscht generell keine ‚Kultur des Miteinanders', nur bei manchen Teammitgliedern fällt das im Zusammenspiel nicht auf." „Der Mitarbeiter wird von den Kollegen gemobbt, setzt sich jedoch nicht zur Wehr, sondern zieht sich zurück." „Dem Mitarbeiter fehlen bestimmte soziale Kompetenzen, obwohl er fachlich sehr qualifiziert ist." „Der Teamleiter muss sich des Stils des Mitarbeiters bewusst sein, das ist bislang nicht hinreichend der Fall." „Der Mitarbeiter selbst ist durch diese Art der Zusammenarbeit nicht belastet, für ihn ist das ein angemessener Stil der Zusammenarbeit, für ihn ist das nichts Ungewöhnliches."

Lösungsarbeit *(durch das Beraterteam)*	„Der Teamleiter sollte in Bezug auf diesen Mitarbeiter besondere, sensible Führung wahrnehmen und ihm, mehr als den anderen, Unterstützung anbieten."
	„Das Klima und die Kultur des Zusammenarbeitens können durch ein Zusammenkommen auf der informellen Ebene verbessert werden, z. B. durch einen Ausflug, gemeinsame Geburtstagsrunden, gemeinsames Abendessen in informellem Rahmen."
	„Der Mitarbeiter könnte durch wiederholte Gesprächsangebote des Teamleiters mehr und mehr die Situation selbst erkennen und Unterstützung annehmen."
	„Dem Mitarbeiter könnten spezielle Weiterbildungsangebote gemacht werden."
	„Für den Teamleiter ist es wichtig zu erkennen, dass es zentral für die Zusammenarbeit ist, in Kulturmaßnahmen wie z. B. Teamentwicklung und Teampflege zu investieren."
	„Der Mitarbeiter könnte mehr in solchen Arbeitsfeldern eingesetzt werden, für die eine besonders gute Abstimmung nicht von so zentraler Bedeutung ist."
	„Im Team ist es wichtig, jeden in seinen Stärken zu erkennen und wertzuschätzen. Darauf kann und muss der Teamleiter immer wieder eingehen und darauf aufmerksam machen."
Sharing *(alle zusammen)*	„Ich hatte eine ähnliche Situation, und wir haben damals mehr und mehr in Abstimmungs- und Teamrunden investiert und uns die Zeit dafür genommen. Wir haben damals wirklich versucht, eine andere Feedbackkultur aufzubauen, indem wir uns immer wieder auch Begleitung aus der Personalentwicklung oder von außen für die Teamrunden geholt haben."
	„Vor einiger Zeit gab es in meinem Team eine ähnliche Situation. Ich hatte aber – wie immer – unheimlich viel um die Ohren und wollte mich gar nicht damit beschäftigen. Ich dachte, irgendwie wird es sich schon regeln. Es regelte sich aber nicht von selbst, sondern die Probleme wurden immer größer. Ab diesem Moment habe ich mich gefragt, inwiefern ich selbst Konflikten lieber aus dem Weg gehe, als sie aktiv anzugehen. Damit wurde mir klar, dass ich in meiner Rolle als Führungskraft gefordert bin, die Situation konstruktiv anzugehen. Die ganze Situation hatte auch etwas mit meinem Selbstverständnis zu tun."

Prozessreflexion (alle zusammen)	Durch den *Fallgeber:*
	„Durch den Prozess und die einzelnen Phasen wurde mir die Vielschichtigkeit der Situation bewusst, und die Tiefe, in der wir gearbeitet haben, hat mich überrascht."
	„Die Vielfalt der Ideen war für mich die beste Erfahrung."
	„Die Erfahrungen der anderen zu nutzen ist sehr hilfreich, insbesondere wenn ich in der kollegialen Beratung als Führungskraft mit anderen Führungskräften an solchen Fragen arbeiten kann."
	„Eine Hypothese hat mich besonders getroffen und nachdenklich gemacht. Sie spricht direkt meine Führungskompetenz an. Darüber werde ich weiter nachdenken müssen."
	„Anfangs hatte ich Bedenken, mein Anliegen einzubringen. Ich hatte Sorge, als führungsschwach zu erscheinen."
	Durch die *Beratungskollegen:*
	„Obwohl ich den Fall selbst nicht eingebracht habe, hat mich die Arbeit in der Gruppe sehr berührt. Manches spricht meine eigenen Themen an. Es nutzt allen Beteiligten."
	„Die strukturierte Arbeitsweise lässt in einer kurzen Zeit enorm viel entstehen, was man ohne die klare Form in dieser Zeit und dieser Dichte nicht schaffen würden."

2.1.4 Anlässe und Kontexte

Kollegiale Beratung zeichnet sich in mehrerlei Hinsicht durch eine große Offenheit aus. So eignet sich ihre Anwendung für ganz unterschiedliche Berufsgruppen. Auch lässt sich mithilfe dieser Methode ein großes Spektrum an Fragestellungen und Themen bearbeiten. Außer dieser Offenheit in Bezug auf Arbeitsanlass und -kontext kennzeichnet ein starker Praxisbezug die Methode.

Eingebunden in Prozesse des Lernens und Arbeitens, sind zwei Varianten ihrer Anwendung denkbar.

Zum einen wird kollegiale Beratung erfolgreich als eigenständige unternehmensinterne Form des Voneinander- und Miteinanderlernens eingesetzt. Hier sind Kontext denkbar wie:

- Einsatz ihm Rahmen der Führungskräfteentwicklung. Führungskräfte (Abteilungsleiter, Teamleiter) arbeiten regelmäßig zu spezifischen Themen und unterstützen sich in der Entwicklung und Förderung von Führungskompetenzen.
- Einrichtung regelmäßiger kollegialer Beratung für Trainees/ Nachwuchskräfte zur Klärung von Praxisfragen oder zur Bearbeitung von sozialen Themen.
- Einsatz kollegialer Beratung unter LehrerInnen eines Kollegiums.
- Einsatz kollegialer Beratung im Studium u. a. auch zur Vertiefung gelernter Wissensinhalte.

Auch für die Anwendung in Lern- und Veränderungsprozessen eignet sich kollegiale Beratung in besonderer Weise. Dazu sei als Erstes die didaktische Einbindung der Methode in länger laufende Qualifizierungsmaßnahmen genannt, wie dies am *Institut für systemische Beratung (ISB)* in Wiesloch der Fall ist.

Die Teilnehmer der Curricula des *ISB* lernen u. a. durch kollegiale Beratung als didaktisches Kernelement, als kollegiale Berater kompetente Gesprächspartner zu werden und als solche auf die individuellen Lernbedürfnisse ihrer Kollegen einzugehen. In diesem Rahmen haben die Teilnehmer der Curricula vielfältig Gelegenheit, sich an Beispielen des konkreten Beratungs-, Management- und Führungsalltages mit eigenen Stärken und Schwächen, Einseitigkeiten, besonderen Fähigkeiten und Vorlieben und ihrer Wirkung auf die Aufgabenerfüllung und auf andere Menschen auseinanderzusetzen (vgl. Schmid, Hipp u. Caspari 2000, S. 6 ff.).

Unabhängig von der kollegialen Beratungsarbeit in den Seminaren nutzen die Teilnehmer die Methode auch in selbst gesteuerten Beratungsgruppen, die sich nicht selten aus den Curriculumgruppen heraus bilden. In diesen Beratungsgruppen arbeiten die Teilnehmer dann auch selbstständig und außerhalb des Rahmens am *ISB* an eigenen Praxisfragen aus ihrem jeweiligen beruflichen Alltag. Daneben wird in den Gruppen jedoch auch wesentlich am Transfer der gelernten Inhalte in die Praxis gearbeitet und das praktische Umsetzen des Gelernten in der kollegialen Beratung ausprobiert.

Gängige Verwendungskontexte

Es werden zusammengefasst folgende drei Anwendungskontexte kollegialer Beratung deutlich:

- Im Rahmen von Aus- und Weiterbildung sowie beruflicher Fortbildung zur Verarbeitung und Reflexion des Gelernten und der beruflichen Praxis. Die eigenen Erfahrungen mit dem Gelernten und seine Integration in das eigene professionelle Handeln stehen im Mittelpunkt des Lernprozesses. Dabei müssen nochmals zwei Varianten unterschieden werden: Fortbildungen, die kollegiale Beratung und die Ausbildung darin zum Thema haben, und Fort- und Weiterbildungskontexte, die kollegiale Beratungs- und Lernformen als flankierende Formen und als induktiven Teil der Lernkultur in die Gesamtkonzeption integrieren.

- Als selbst initiierte Gruppen der Projekt-, Führungs- und Praxisreflexion und zur Bearbeitung berufs- und organisationsspezifischer Problemstellungen, die sich auch im Anschluss an eine der beschriebenen Fortbildungsmaßnahmen bilden können und kollegiale Beratung selbst organisiert weiterführen.

- Als arbeitsplatznahes Lern-, Reflexions- und Beratungssystem im organisationalen und betrieblichen Kontext unter Mitarbeitern oder Führungskräften im Rahmen von Entwicklungsprogrammen oder Konzepten lernender Organisation.

Allen gemeinsam ist das Verständnis kollegialer Beratung als „Reflexionsangebot" (Thiel 2000, S. 185) sowie als „Lernangebot" (Fengler et al. 2000, S. 176).

2.1.5 Vorgehensweisen und Instrumente
Analyse und Hypothesen

„Eine Hypothese ist eine vorläufige, im weiteren Verlauf zu überprüfende Annahme über das, was ist. [...] Der Wert einer Hypothese liegt hier in der Frage, ob sie nützlich ist. Ihre Nützlichkeit misst sich an ihrer:

- Ordnungsfunktion: Sie soll die vielen Informationen im (Familien-) Gespräch selegieren in für den Therapeuten [dem – für unsere Zwecke – Berater] Bedeutsames und Irrelevantes und so einen Weg zu kognitiver Ordnung bahnen – zunächst im Therapeutenkopf [dem Beraterkopf].
- Anregungsfunktion: Hypothesen mit Neuigkeitscharakter sollen zunächst dem Therapeuten [dem Berater], dann [...] dem Fallgeber neue Sichtweisen anbieten – nicht nur das überprüfen, was alle ohnehin schon denken, sondern neue Möglichkeiten aufwerfen und untersuchen.

So geht es nicht darum, *die eine* richtige Hypothese zu finden. Vielmehr führt gerade die Vielfalt der Hypothesen auch zu einer Vielfalt von Perspektiven und Möglichkeiten" (von Schlippe u. Schweitzer 1996, S. 117; Hervorh. im Orig.).

In kommunizierten Hypothesen teilen wir die Annahmen mit, die wir über die Zusammenhänge in unserer komplexen Umwelt haben: was wir über die Ursache von Ereignissen vermuten, wie wir uns ein Verhalten erklären, welche Bedeutung wir Erlebnissen beimessen oder welche Absichten wir bei Menschen annehmen. Diese Annahmen über Ursachen und Wirkungen steuern im Alltag in vielfältiger Weise unser Handeln – häufig ohne dass uns dabei die *zugrunde liegende* Annahme bewusst ist. So haben Hypothesen eine große Wirkungsmacht und -kraft, denn sie prägen in entscheidender Weise unser Bild von Wirklichkeit, welches in allen Situationen Grundlage unseres Entscheidens und Handelns ist. Aufgrund ihrer wirklichkeitskonstruktiven Kraft ist das Explorieren der mit einem Anliegen verbundenen Hypothesen für uns auch ein grundlegender Bestandteil der Methode „kollegiale Beratung" und nicht wie an anderer Stelle eine methodische Ergänzung (vgl. Tietze 2003, S. 169 ff.). Denn so wie unbewusst wirkende

Hypothesen ein erfolgreiches Handeln in einer Situation erschweren oder unmöglich machen können, so kann bereits das Bewusstmachen dieser Hypothesen eine Lösung möglich machen, indem hinderliche Annahmen durch lösungsförderliche ersetzt werden können. Neue und ungewohnte Hypothesen, die durch die Berater eingebracht werden, können den Fallgeber zunächst irritieren und ihm in der Folge aber neue Sichtweisen ermöglichen.

Das Arbeiten mit Hypothesen ist ein experimentelles. Der Berater entwickelt aus seinen Beobachtungen eine erste Annahme über mögliche thematische Zusammenhänge. Diese wird in Kommunikation gebracht und bildet die Grundlage für weitere Untersuchungen. In der Folge wird die Hypothese entweder bestätigt oder verworfen. Wird sie verworfen, so beginnt der Prozess der Hypothesengenerierung von Neuem.

Eine systemische Hypothese erfasst alle Komponenten eines Systems und beschreibt die angenommenen Zusammenhänge und Beziehungsverhältnisse in möglichst großer Gesamtheit. Berücksichtigt werden also sowohl die Inhalts-, Personen- und Beziehungsebene wie auch die Kontextebene des in der Anliegenschilderung eingebrachten Themas. Außerdem können sich Hypothesen auf unterschiedliche Aspekte des Anliegens beziehen: Sie können vermutete Ursachen und Faktoren benennen, die ein Problem auslösen oder aufrechterhalten, sie können Ziele, Zwecke und Absichten eines beobachteten Verhaltens beschreiben oder können Ausdruck von Bedeutungen im Sinne von Bewertungen sein, die den gemachten Beobachtungen beigemessen werden.

Eine gründliche Analyse mit anschließender Hypothesenbildung dient dem Fallgeber im Sinne eines Angebots möglichst variantenreicher neuer Perspektiven auf seine Fragestellung durch die Berater. Diese melden dem Fallgeber ihre Wahrnehmungen betreffend das Fallgeschehen in Form von möglichen Beschreibungen zurück. Diese möglichen Beschreibungen fokussieren in der Analysephase auf die Hypothesen des Fallgebers und in der Lösungsphase auf die durch den/die Berater eingebrachten Hypothesen.

Zur Veranschaulichung werden im Folgenden gewohnheitsmäßig gebildeten Alltagshypothesen veränderungsförderliche Hypothesen gegenübergestellt (in Anlehnung an von Schlippe u. Schweitzer 1996).

Gewohnheiten alltäglicher Hypothesenbildung
Beispiel: Der Kollege des Fallgebers arbeitet nicht teamorientiert.

1) **Innere Eigenschaften – oder: Der/die ist eben so**
   Hypothesen dieser Kategorie beschränken sich auf Eigenschaften, die Personen oder Gruppen zugeschrieben werden. Sie berücksichtigen nicht, in welchem Kontext (mit wem – mit wem nicht, wann – wann nicht, in welcher Rolle – in welcher Rolle nicht) das Verhalten gezeigt wird oder inwiefern z. B. strukturelle Rahmenbedingungen oder Rollenverständnisse zu dem Verhalten beitragen.
   Der Kollege ist ein Eigenbrötler und braucht individuelle Freiheit.

2) **Verursachung – oder: Das musste so kommen, weil ...**
   Die Hypothesen dieser Kategorie erklären das Warum einer Handlung, machen also Aussagen über die Ursache einer Handlung. Sie reduzieren die Vielfalt der Auslöser und aufrechterhaltenden Bedingungen auf eine Wenn-dann Beziehung.
   Wenn er Druck von oben bekommt, kooperiert er nicht mehr.

3) **Vergangenheitsorientierung – oder: Er machte das immer**
   Hypothesen werden hier meist auf Vergangenes gerichtet (Wie kommt es, dass der Karren jetzt im Dreck steckt?) und nicht kreative neue Zukunftsmöglichkeiten oder Ergänzungen kreiert (Wie kriegen wir den Karren aus dem Dreck?).
   Eigentlich hat das mit der Teamorientierung noch nie geklappt.

4) Zeitstabilität – oder: Das gilt immer
Zugeschriebene Eigenschaften werden als zeitlich stabil angenommen. Andere mögliche Verhaltensweisen werden nicht erwartet, und es wird nicht zu ihnen eingeladen. Das führt zu Festschreibungen und sich selbst erfüllenden Prophezeiungen.
Und in Zukunft wird's wohl auch nicht besser werden.

5) Defizitorientierung – oder: Die können das nicht
Viele Hypothesen sind negativ, defizitorientiert formuliert. Selten wird positiv über jemanden „getratscht".
Aus den anderen Abteilungen hat es bereits Rückmeldungen gegeben, dass er das Verhalten dort auch gezeigt hat.

6) Ohne Zusammenhang – oder: Das ist so
Die Hypothesen sind abstrahiert von konkreten Situationen. Ohne Beschreibung des Kontextes wird das Verhalten aber nicht verstehbar.
Bei allen Projekten agiert er unkollegial und macht sein eigenes Ding.

7) Konventionalität – oder: So sind wir's gewohnt
Die Hypothesen bleiben im üblichen gesellschaftlichen und unternehmenskulturellen Rahmen. Verrückte Möglichkeiten werden nicht in Betracht gezogen.
Teamorientierung ist hier ja auch nicht so gerne gesehen.

Veränderungsförderliche Hypothesenbildungen
1) Interpersonalität – oder: Alle wirken mit
Hypothesen beziehen sich auf zwischenmenschliche Beziehungen und berücksichtigen die an der Handlung beteiligten Personen und Umstände.
Es kann sein, dass es einen Konflikt zwischen dem Kollegen und dem Fallgeber gibt.

2) Funktionalität – oder: Alles hat einen Nutzen
Hypothesen beziehen sich auf das Wie oder Wozu einer
Handlung, sie stellen Vermutungen über Gründe einer Hand-
lung an: Was ist das Gute im Schlechten? Wem nützt das?
Entsteht für den Fallgeber eventuell dadurch der Vorteil,
auch individuell agieren zu können?

3) Zukunftsorientierung – oder: Sich auf das konzentrieren, wo
   es etwas zu gestalten gilt
Hypothesen verbinden Vergangenheit, Gegenwart und Zukunft, wobei sie Handlungsmöglichkeiten für die Zukunft
eröffnen.
Sind Aufgabenbereiche klar definiert? In Zukunft sollen
Aufgabenbereiche und gemeinsame Aktivitäten definiert
werden.

4) Flexibilität von Verhalten – oder: Nichts gilt immer und
   ewig
Hypothesen beziehen sich auf eine begrenzte Dauer (… dann,
wenn … – so lange, bis …).

5) Positive Bewertungen und Widersprüche öffnen – oder:
   Positive Beschreibungen geben Energie
Hypothesen beinhalten positive Beschreibungen und ver-
weisen auf Ressourcen, die auch in problematischen Situationen deutlich werden.
Der Kollege arbeitet sehr zielorientiert und selbstverantwort-
lich.

6) Den Gesamtkontext beleuchten – oder: Alles hat einen
   Hintergrund
Hypothesen stellen Vermutungen über Handlungen in ih-
rem spezifischen Personen-Raum-Zeit-Zusammenhang dar.
Möglicherweise konnte er in seiner früheren Selbstständig-
keit keine Erfahrungen mit Teamorientierung sammeln.

7) Unkonventionalität – oder: Ein neuer Blick bringt neue Ideen

Hypothesen sind nicht an Übereinstimmung mit gewöhnlichen wissenschaftlichen, psychischen oder sozialen Konventionen und Denkmustern gebunden. Abweichungen können nützlich sein.

Vielleicht sollte er zukünftig in unserem Festausschuss mitarbeiten. Dann könnte er erfahren, wie viel Spaß arbeiten mit anderen machen kann.

Systemische Fragen

Ziel systemischer Beratung ist die Stärkung der Ressourcen und (Lösungs-)Kompetenz des zu beratenden Systems. Vor diesem Hintergrund sind auch die im Folgenden vorgestellten und beschriebenen Fragen zu verstehen.

Auf dem Weg zu einer mit dem Ratsuchenden gemeinsam erarbeiteten Lösung muss nicht selten die Wirklichkeitsgewohnheit des Ratsuchenden so weit verstört werden, dass neue Sichtweisen und Perspektiven möglich und sichtbar werden. Dies geschieht durch das experimentelle Einführen neuer Wirklichkeiten in Form von Hypothesen und ihrer Überprüfung.

Die dafür notwendigen Informationen werden durch Fragen gewonnen. Ziel der Fragen ist die eines Unterschieds zum bisher Gehörten (Unterscheidung und Differenzierung).

Mit Fragen werden jedoch nicht nur Informationen gewonnen, sondern auch *generiert*. Im Sinne des kommunikationstheoretischen Axioms, dass man „nicht *nicht* kommunizieren" kann (Watzlawick et al. 1969) ist es nicht möglich, eine Frage zu stellen, ohne damit beim Befragten eine eigene Idee anzustoßen. In diesem Sinne spricht man dann von einer Frage als Intervention, da bereits das Stellen der Frage eine Veränderung beim Befragten bewirkt.

Auf dem Weg, gemeinsam mit dem Ratsuchenden Handlungsoptionen zu finden, die für ihn eine Lösung seines Anliegens darstellen, sind intervenierende Fragen ein wichtiges

Instrument dafür, gewohnheitsmäßig fortgesetzte Erklärungen von Ursache und Wirkung zu irritieren und diese mit der Einführung von Wechselbeziehungen (zirkulären Beziehungen, Zirkularität) zu kontrastieren.

Die im Folgenden zusammengestellten Frageformen sind dafür als Anregungen gedacht (dargestellt in Anlehnung an ein Arbeitspapier von Joachim Hipp aus dem *ISB*-Kontext).

1) Was bisher geschah ...
Oft haben Mitarbeiter schon einiges versucht – ohne Erfolg. Diese Sackgassen gilt es zu kennen, damit man nicht auf Lösungen hinarbeitet, die schon versucht worden sind:

- Was haben Sie bisher unternommen, um das Problem zu lösen?
- Wo stehen Sie jetzt genau mit Ihrer Frage?

2) Konkreter, bitte!!
Wir reden oft sehr allgemein. Beschreibungen sind nicht konkret auf die Handlungsebene bezogen. Beispiel: „Kollege X ist immer so unzuverlässig." Konkretisierungsfragen trennen Emotionen von Fakten! Fragen:

- Wie zeigt sich die Unzuverlässigkeit?
- Was tut der Kollege genau?
- Woran merken Sie das?
- Was tun Sie dann?

3) Wie erklären Sie sich das?
Klärungsfragen helfen, Sichtweisen und Zusammenhänge zu verstehen:

- Wie erklären Sie sich dieses Phänomen?
- Wer ist noch daran beteiligt?
- Wie würde Ihr Kollege die Situation beschreiben?

4) Und wenn's noch schlimmer käme?
Hypothetische Verschlimmerungsfragen fragen nach dem eigenen Beitrag, der (z. T. unbewusst) dafür geleistet wird, das Problem aufrechtzuerhalten. Die Annahme dabei lautet: Was verschlimmert werden kann, kann meistens auch verbessert werden! Fragen:

- Was könnten Sie tun, um das Problem zu verschlimmern?
- Was müssten Sie tun, um komplett ignoriert zu werden, oder was müssten Sie tun, um noch weniger Unterstützung von ihrem Kollegen/Vorgesetzten zu bekommen?

5) Wirklich immer und jeder?
Fragen Sie nach *Ausnahmen*, was hat schon einmal in ähnlichen Situationen funktioniert? Was davon könnte Hinweise auf Lösungen für das aktuelle Problem geben? Fragen:

- Wann und wo tritt das Problem nicht auf?
- Was machen Sie da konkret anders?
- Was hat in dieser Situation geholfen?

6) „Ja, aber …" – „Nein danke!" Hypothetische Lösungen
Fragen Sie bewusst nach hypothetischen Lösungen: Was könnte probiert werden und funktionieren? Durch das Experimentieren mit den Lösungen finden Sie heraus, wovon die Lösung abhängt, bzw. welche Faktoren noch bedacht werden sollten. Durch die Frageform lassen sich Lösungsideen prüfen, ohne das berühmte „Ja, aber …" zu provozieren:

- Angenommen, Sie würden das und das tun, was würde passieren?
- Angenommen, Sie würden nichts tun …?
- Gesetzt den Fall, Herr X würde vorher gefragt, welche Wirkung hätte das …?

7) Zirkuläre Fragen

Zirkuläre Fragen fokussieren die Sichtweise von anderen Beteiligten, die an der Situation beteiligt sind:

- Angenommen, ich würde Ihren Kollegen fragen, wie würde er die Situation beschreiben?
- Angenommen, ich würde den Kunden fragen, was noch daran fehlt, dass er sich auf Ihren Vorschlag einlässt, was würde er sagen?

8) Ressourcenorientierte Fragen

Ressourcenorientierte Fragen stellen die Kräfte und vorhandenen Potenziale der Person oder Situation in den Vordergrund der Betrachtung. Oft können eigene Stärken, die für die Verbesserung in Problemsituationen eigentlich schon vorhanden sind, nur schwer selbst identifiziert werden. Diese Fragen klären den Blick auf schon Geleistetes, das aktiviert werden kann:

- Was möchten Sie in diesem Veränderungsprozess gerne bewahren?
- Was soll so bleiben, was soll sich möglichst nicht verändern?
- Was hat dazu beigetragen, dass es nicht längst viel schlimmer geworden ist?
- Wer könnte am meisten dazu beitragen, dass die Maßnahme ein Erfolg wird?
- Angenommen, Sie wären ihr eigener Berater, was würden Sie sich raten?

9) Skalierungsfragen

Skalierungen ermöglichen es, einen Sachverhalt in Unterschieden darzustellen. Oft fällt es schwer, Unterschiede in Worte zu fassen. Skalen helfen dabei, Unterschiede klar zu deklarieren. Gewünschte Zielzustände können mit der Hilfe von Skalen präzisiert werden:

- Stellen Sie sich eine Skala von 1 bis 10 vor, wobei 1 der schlechteste Zustand und 10 der perfekte Zustand ist. Wo befinden Sie sich zurzeit?
- Wie schätzen Sie Ihre Fähigkeit ein, andere zu überzeugen?
- Was wäre anders, wenn Sie sich bei x + 1 einschätzen würden?
- Wie zuversichtlich sind Sie auf einer Skala von 1 bis 10, Ihr gestecktes Ziel zu erreichen?
- Wie motiviert sind Sie auf einer Skala von 1 bis 10, Ihr Ziel in den kommenden Wochen, Monaten zu erreichen?

Methodisch-didaktische Ergänzungen

Oben wurde ein „Leitfaden kollegiale Beratung" vorgestellt. Diese Struktur kann nach Abschluss von Phase 3 („Befragung und Konkretisierung des Beratungsziels") methodisch ergänzt werden. Darin liegt eine besondere Stärke kollegialer Beratung, denn mit der methodischen Variabilität der Beratungsphase im Rahmen einer konstanten Struktur ist es möglich, individuell passend auf das formulierte Beratungsziel des Fallgebers einzugehen und gleichzeitig eine Ergebnissicherung aufgrund der konstanten Rahmenstruktur zu wahren. Diese Rahmenstruktur entsteht durch die festgelegte Phasenfolge, die unverändert bleibt und allen Beteiligten eine stabile Orientierung bietet. Mit der Möglichkeit methodischer Variation kann die Beratung an Lebendigkeit und Vielfalt gewinnen, gerade bei länger zusammenarbeitenden Beratungsteams. (Eine gute Übersicht über methodische Ergänzungen mit Beschreibungen findet sich beispielsweise in Tietze 2003.) Die nebenstehende Übersicht zeigt eine Auswahl methodischer Ergänzungsmöglichkeiten für die kollegiale Beratung.

Methode	Ziele	Leitfrage
1) **Brainstorming**	Lösungsideen für den Fallbringer sammeln	Was könnte man in einer solchen Situation alles tun?
2) **Paradoxes Brainstorming**	Ideen in der Gegenrichtung der Schlüsselfrage produzieren	Wie könnte der Fallbringer die Situation gezielt verschlimmern?
3) **Ein erster kleiner Schritt**	den Anfang für einen Lösungsweg finden	Was könnte der nächste kleine Schritt für den Fallgeber sein?
4) **Affirming**	Würdigung der bereits erbrachten Leistungen des Fallgebers	Welche (Teil-)Schritte in Bezug auf sein Ziel hat der Fallgeber bereits erfolgreich gemeistert und sieht sie aber evt. nicht? Was rührt mich beim Gehörten an?
5) **Schlüsselfrage erfinden**	Schlüsselfrage für den Fallbringer finden	Welches könnte die Schlüsselfrage des Fallbringers (noch) sein?
6) **Erfolgsmeldungen**	Faktoren beschreiben, die zum Erfolg geführt haben	Angenommen, der Fall wird erfolgreich gelöst, wie hat der Fallbringer seinen Erfolg wohl erreicht?
7) **Actstorming**	konkretes Verhalten/ wörtliche Aussagen für eine bevorstehende Aktion sammeln	Was könnte der Fallgeber in seiner nächsten Aktion in wörtlicher Rede sagen, mailen, schreiben etc.?

Ein sich neu zusammenfindendes Beratungsteam kann sich innerhalb eines Arbeitsrahmens entwickeln, der Sicherheit in Bezug auf Auftrag, Rollen und Ergebnis bietet und mit der Konstanz im Ablauf ein Verinnerlichen der Methode ermöglicht. Hat das Beratungsteam eine eigene Form der Arbeitsorganisation gefunden, kann es durch methodische Varianten auf individuelle Besonderheiten des jeweiligen Falles eingehen.

Unterstützende didaktische Maßnahmen

- *Tonaufnahmen*
Im Weiterbildungskontext des *ISB* hat sich das didaktische Element der Tonaufnahmen sehr bewährt. Die Teilnehmer der Weiterbildungen erhalten Tonaufnahmen ihrer Arbeit in den Supervisions- bzw. Intervisionsgruppen sowie von den Impulsreferaten. Damit haben sie die Möglichkeit, auch zwischen den einzelnen Bausteinen theoriegeleitete Inhalte und Dokumente der eigenen Beratungsarbeit nochmals zu hören und nachzuarbeiten.

Im Kontext kollegialer Beratung können Tonaufnahmen von großem Nutzen für alle Beteiligten sein (sofern alle eine Aufnahme des Beratungsprozesses erhalten): Der Fallgeber hat die Möglichkeit, sowohl seine eigene Anliegenschilderung, die durch die Berater erhaltenen Ideen und Lösungsoptionen wie auch den Arbeitsprozess im Gesamten nochmals zu hören, zu reflektieren und Ergebnisse passend umzusetzen.

Die Berater haben ihrerseits die Möglichkeit, das eigene Beratungsverhalten zu reflektieren.

Denkbar ist natürlich, dass die Gruppe aus Gründen des Datenschutzes und zur Wahrung der Intimsphäre darin übereinkommt, dass lediglich der Fallgeber die Aufnahme des Beratungsprozesses erhält.

In beiden Fällen ist es unbedingt notwendig, dass jeder Teilnehmer sich dazu verpflichtet, die im Prozess erhaltenen Informationen in jeglicher Form für sich zu behalten und nicht nach außen zu tragen.

- *Visualisierung und Dokumentation*
Zum Einstieg in eine Beratung kann eine Visualisierung der mit dem Anliegen verbundenen Situation dem Beratungsteam relevante Zusammenhänge verdeutlichen. Dies gilt bei eher sachorientierten Themen in besonderem Maße für strukturelle Skizzen von Arbeitsbeziehungen und organisationsbedingten Zusammenhängen (Soziogramm). Eventuell in Ver-

bindung mit einer Metapher oder Analogie, welche das subjektive Empfinden und Erleben des Fallgebers in der Situation verdeutlicht, können diese Darstellungsarten eine angemessene Form der Anliegenschilderung unterstützen. „Angemessen" meint hier, weder den Sachverhalt zu sehr zu verkürzen – vielleicht aus Angst, sich dabei in komplexen Zusammenhängen zu verlieren –, noch in der Darstellung zu weit auszuschweifen – vielleicht in der Absicht, möglichst Vollständigkeit in der Schilderung zu erreichen.

Für den Fallgeber bedeutet der Schritt der grafischen Darstellung seiner Situation nicht selten Klärung und Konzentration seines Anliegens im Sinne einer Fokussierung auf die für ihn dabei relevante(n) Fragestellung(en).

Im weiteren Beratungsverlauf ist die Dokumentation von Arbeitsergebnissen aus den Phasen „Hypothesenbildung" bzw. „Lösungsideen" für den Fallgeber sehr wertvoll und sollte nicht von ihm selbst, sondern beispielsweise vom Beobachter vorgenommen werden. Gerade im Sinne einer möglichst wortgetreuen Wiedergabe der einzelnen Beiträge können hier die oben erwähnten Tonaufnahmen eine große Hilfe sein.

- *Methoden- und Zeitdisziplin*
Diese beiden Faktoren sollen aufgrund ihrer Wichtigkeit für den Erfolg der Methode an dieser Stelle nochmals besonders betont werden.

Ganz wesentlich trägt eine klare Trennung von Analyse und Hypothesenbildung und einer deutlich davon zu unterscheidenden Lösungsphase sehr zum Gelingen bei. Häufig ist die Versuchung groß, der eigenen Hypothese auch gleich eine vermeintlich dazugehörende Lösung folgen zu lassen. Hier hat der Moderator die Aufgabe, auf Methodendisziplin zu achten.

Ebenso entscheidend ist die Zeitdisziplin. Analyse und Hypothesenbildung sollten nicht verkürzt, Fallschilderung und

Lösungserarbeitung nicht in die Länge gezogen werden. In diesen Fällen sind der Zeitwächter und auch der Moderator in ihrer Rolle gefordert.

2.2 Kollegiale Beratung als Lernform

„Kollegiales Lernen verstehen wir als Ort und Form für Qualität. Das Lernen bezieht sich auf das professionelle Handeln und beleuchtet daher den Kontext der beruflichen Tätigkeit mit. Es ist somit im Sinne einer Ressourcen- und Problemlöseorientierung immer bezogen auf eine Verbesserung der Arbeit und ein Lösen der dort auftretenden Probleme durch das Beschreiten von Wegen der (Selbst-)Reflexion und der Kooperation. In reflexivem und erfahrungsorientiertem sowie sozialem Lernen wird versucht, das Ziel der erweiterten Handlungskompetenz zu erreichen" (Schmid u. Veith 2008, S. 5).

Lernen, wie es im Rahmen kollegialer Beratungsprozesse möglich wird, hat viele Facetten. Je nachdem, in welchem Rahmen die Methode eingesetzt und genutzt wird, entstehen unterschiedliche Lerneffekte.

So lassen sich Lerneffekte bei allen Beteiligten auf allgemeiner Ebene z. B. in einer Erweiterung ihrer Fähigkeiten in den Bereichen Moderation, Beobachtungs- und Analysefähigkeit, Teamfähigkeit und Empathie beobachten. Außerdem lässt sich mit zunehmender Routine beim Einsatz der Methode eine gesteigerte Effizienz des Einsatzes kollegialer Beratung feststellen.

Wichtig sind uns jedoch auch die Effekte, die mit kollegialer Beratung im Kontext organisierten Lehrens und Lernens erzielt werden können. Kommt kollegiale Beratung im Rahmen von Weiterbildung und Seminaren als didaktisches Element zum Einsatz – wie dies am *ISB* der Fall ist –, so lässt sie sich als Konzept subjekt- und handlungsorientierter, praxisnaher Bildung und Qualifikation im Sinne von Professionalisierung beschreiben.

Weiterbildungsseminare mit dem Anspruch, umfassend Professionalisierung zu unterstützen, verfolgen in ihrer Konzeption zum einen eine Vermittlung notwendigen und hilfreichen

Wissens, was auf den Zuwachs an Kenntnissen ausgerichtet ist und so den Teilnehmern ermöglicht, komplexe Zusammenhänge besser zu verstehen, womit ihrem Handeln eine höhere Wirksamkeit verliehen wird.

Zum anderen liegt der Fokus darauf, die teilnehmenden Menschen dazu zu befähigen, dieses neu erworbene Wissen auch tatsächlich in die Praxis umzusetzen, womit ihre unmittelbare Handlungskompetenz gestärkt wird. Denn allein eine kognitive Plausibilität von Wissen zieht nicht automatisch ein Wissen darüber nach sich, wie die Umsetzung in konkretes Handeln aussehen kann. Doch sind hier nicht didaktische Verfahren wie Rollenspiele oder Planspiele gemeint, sondern die Möglichkeit, die eigene berufliche Praxis (auch) mit dem Scheinwerfer neu gewonnener theoretischer Inhalte zu beleuchten und Probleme zu bearbeiten.

Diesen Praxisbezug mit Transfermöglichkeit fachlichen Wissens ermöglicht kollegiale Beratung als methodisches Instrument und als Lernform. Sie unterstützt die Reflexion eigener Situationen aus dem beruflichen Alltag im Kontext neu erworbenen Wissens und stellt gleichzeitig durch die Arbeit an diesen Situationen im Rahmen der Beratungsgruppen Lösungsideen zur Verfügung, die aus der Praxis für die Praxis entwickelt wurden. Damit ermöglicht sie eine kompetente Praxisbewältigung.

Die auf diese kompetente Praxisbewältigung ausgerichteten Seminare zeichnen sich durch folgende Merkmale aus:

• Die konkreten Erfahrungen und Wissenshintergründe der Teilnehmer werden ernst genommen und fließen direkt in die Seminarpraxis ein. Die geschilderten konkreten Erfahrungen werden reflektiert und sind Ausgangspunkt von weiterem Lernen. So werden neue Handlungsperspektiven erarbeitet und vorhandene Kompetenzen vertieft. Häufig zeigt sich, dass dieser Wissensaustausch nicht nur in den Plenumsphasen geschieht, sondern ein wesentlicher Teil auch in den Phasen gestaltet wird, da die Teilnehmer in kleinen Gruppen arbeiten und/oder beraten.

- Lernen bedeutet immer auch Auseinandersetzung mit sich selbst, mit dem eigenen Handeln, den eigenen Schwierigkeiten und Talenten und damit, welche Einschätzung andere zu diesem Handeln äußern.

  Auch deshalb wird am ISB eine starke Persönlichkeitsorientierung vertreten, die den ganzen Menschen als Teil eines Systems, bestehend aus den drei Welten Privat-, Professions- und Organisationswelt (Schmid 1990/2002), in den Mittelpunkt stellt.

- Kollegialität und Kooperation werden in den Seminaren stark betont – und dies nicht nur im Rahmen kollegialer Beratung. Vielmehr wird kooperative Kollegialität im Sinne einer grundlegenden Haltung gelebt und vermittelt. Die daraus resultierenden Effekte für die Lernatmosphäre prägen ganz entscheidend eine Lernkultur, welche die Teilnehmer in ihrer Lerneffizienz unterstützt. Auch hierin zeigt sich, dass nicht nur das Was (Inhalte) gelingendes Lernen prägt, sondern gerade das Wie (Form und Rahmen) für die Aneignung und Nutzbarkeit von Inhalten und für den Lernerfolg entscheidend ist.

3 Kollegiale Beratung in Organisationen: Einführung und Praxis, Kooperation am Arbeitsplatz

„Ob Kinder lernen, was wir ihnen beibringen wollen, ist fraglich. Unser Benehmen dabei lernen sie allemal" (Schmid 1998).

Wir verdeutlichen den Nutzen kollegialer Beratung für Personen und Organisationen auf drei Ebenen (Veith 2008a):

- Sofortnutzen und Praxislösungen vor Ort: Es entstehen konkrete, situative Problemlösungsstrategien und darüber hinaus Lernschleifen, die an den situativ gezeigten Kompetenzprofilen der Mitarbeiter ansetzen und sie ergänzen können. Effekte zeigen sich in einer Kompetenzentwicklung von Personen und Systemen.
- Lern- und Arbeitskultur für alle: Die Implementierung und Durchführung kollegialer Beratung führt zu einer kreativen und nachhaltigen „Arbeitskultur". Es werden Inhalte gelernt, und gleichzeitig wird eine Kultur des Miteinander- und Voneinanderlernens entwickelt.
- Wertschöpfung in Kooperationen und Netzwerken: Kollegiale Beratungskultur macht unter Kollegen in der Organisation oder in Netzwerken anschlussfähig und hilft, sie effektiv zu gestalten.

Doch bevor wir den Nutzen und den dafür notwendigen Kulturaufbau näher beschreiben, soll uns die Frage beschäftigen: Lohnt sich so viel Aufwand beim Aufbau kollegialer Lernkultur und Kooperation am Arbeitsplatz?

"If you think, that education is expensiv, try incompetence" (zit. nach Rolf Balling).

Wer sich vergegenwärtigt, wie viel schiefgeht und wie viel Frust entsteht, wenn gemeinsames Lernen und Kooperation misslingen, ist leicht zu überzeugen. Doch meist macht man sich die Zusammenhänge nicht klar. Keiner würde erwarten, dass die gemeinsame Nutzung eines EDV-Systems ohne Einführung funktioniert, doch irgendwie glauben wir das bei Lernen und Kooperation. Vielleicht hat das damit zu tun, dass technische Systeme das Minderfunktionieren sofort melden, während in menschlichen Systemen die Zusammenhänge nicht sofort offensichtlich werden bzw. die negativen Folgen mit Verzögerung auftreten.

3.1 Ökonomie

Am *ISB* vertreten wir aufgrund vielfältiger Erfahrungen die Meinung: Gibt man zu Beginn eines Veränderungsprozesses Maßnahmen für Kulturbegegnung – als welche wir die Einführung kollegialer Beratung *auch* sehen – ausreichend Raum (Zeit, Unterstützung, Ressourcen), so führen sie im Laufe der Zeit zu einer deutlich höheren Ergebnisorientierung, und gleichzeitig sinkt die Bedeutung von Kulturproblemen als Ursache mangelnder Ergebnisorientierung in der Organisation.

Hierzu ein *Beispiel:*

> Ein Auftrag zur Einführung von Projektmanagement verwaltet auch die mangelnde Bereitschaft, Konflikte in den vorhandenen Hierarchien zu lösen. Gewünschte Veränderung kann ohne Auseinandersetzung mit diesen Konflikten nicht geleistet werden. Wie muss ein Design „Einführung von Projektmanagement" dann unter dem Gesichtspunkt der Befähigung zum Umgang mit Konflikten in den Hierarchien angelegt werden, bzw. welche alternativen Strategien wären hier hilfreicher als eine Einführung von Projektmanagement? Wir versuchen davon zu überzeugen, dass übermäßige Aufgabenorientierung, insbesondere wenn immer das Dringende und nicht das Wichtige getan wird, zu übermäßigem Kräfteverschleiß aufgrund ungelöster Kulturprobleme führt. Und dass umgekehrt die Investition in Kulturmaßnahmen sich mittel- und längerfristig in gelungener Ergebnisorientierung auszahlt (Schmid 1996).

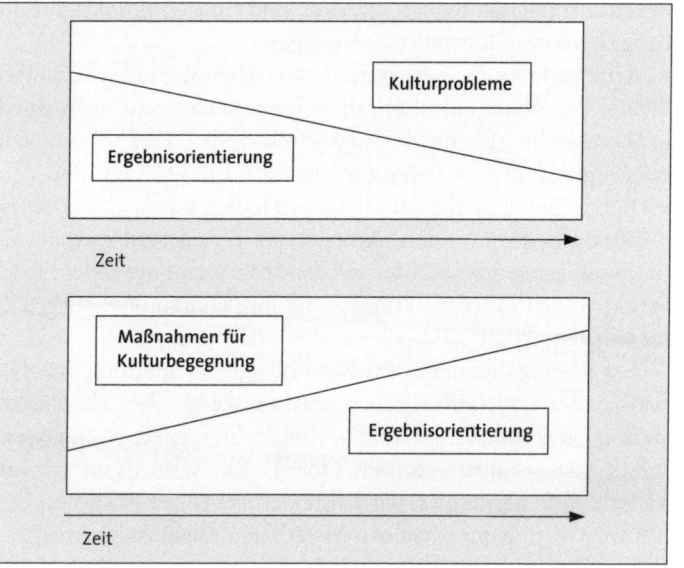

Abb. 6: Schema zum Verhältnis von Ergebnis- und Kulturorientierung in Organisationen

Eine weitere Schwierigkeit wurzelt vielleicht in der klassischen Trennung von OE und PE: Über Organisationsentwicklungsmaßnahmen und Personalentwicklungsmaßnahmen wird getrennt und oft von verschiedenen Instanzen nachgedacht. Konzeptionell müsste zwischen systemqualifizierenden und personenqualifizierenden Maßnahmen unterschieden werden (vgl. Schmid u. Fauser 1994). Unter Systemqualifikation werden Maßnahmen gefasst, die das System (Organisation, Abteilung, Team) optimieren und Aspekte der Aufbau- und Ablauforganisation, aber auch Fragen der Führungs- und Teamkultur verändern können. Personenqualifikation meint die Weiterentwicklung von Kompetenzen, die in den professionellen und organisatorischen Rollen relevant sind (in den Bereichen Führung, Kommunikation oder Konflikt).

Arbeitsplatznahe Lernsysteme verstehen wir als systemintelligente Personenqualifikation, weil ein Lernen auf individuell-professioneller Ebene positive Effekte und Veränderungsimpulse und damit systemqualifizierende Effekte (vgl. ebd.) für vernetzte Bereiche der Organisation haben kann.

Dies gilt insbesondere dann, wenn die institutionsrelevanten Beziehungen betrachtet werden bzw. wenn die reflektierten Strukturen auf Organisationen und ihre Dynamiken ausgeweitet werden.

Ein weiteres mentales Problem bringt die Spaltung von Lernenssphären mit sich. Lernen wird entweder eher als didaktisierbar oder „curricularisierbar" betrachtet, gerät dann aber zu inhaltslastig und zu technisch. Oder Lernen wird als intuitiv und vielschichtig betrachtet, wird aber dann eher der Praxis und der Verantwortung der einzelnen Mitarbeiter allein zugeordnet.

Für Qualifizierungsprogramme in Organisationen bedeutet das die „Desillusionierung der Vorstellung der Curricularisierbarkeit von Lernprozessen einerseits und die Einsicht in ihre didaktische Nichtbeherrschbarkeit andererseits" (Arnold u. Schüßler 1998, S. 65). Gerade die Vorstellung, dass die Transformation in ein Curriculum möglich ist, und die schon angesprochene Inhaltsfokussierung bzw. die Kultur des materialen Wissens (im Gegensatz zu reflexiven Wissen) fällt dem Parallelprozess von enormer Wissensexplosion und Wissensveralterung zum Opfer. Möglichst genormte Bildungsgelegenheiten nach dem „Gießkannenprinzip" in Organisationen und die damit verbundene Hoffnung, das Gelernte nahtlos in den Arbeitsalltag transferieren zu können, scheinen überkommen und sollten um Formen des individuellen und sozialen Lernens ergänzt werden, wie dies in den im Folgenden beschriebenen arbeitsplatznahen Lernsystemen praktiziert werden kann.

Was aber tun, wenn in Teams oder unter Führungskräften anstehende Themen reflektiert und gemeinsam Lösungen gefunden werden sollen, und dies passgenau zur Fragestellung kreativ und in der Verantwortung der Beteiligten? Auf das nächste Seminar warten ...?

Klassische Lernformen wie Seminare und Trainings mit rezeptartigen Lernmodellen dienen oft nur ungenau dem eigentlichen Ziel: einer konkreten Problemlösung, situativen Handlungskompetenz und insgesamt einer verbesserten professionellen Selbststeuerung der Teilnehmer für andere komplexe und dynamische Praxissituationen.

Arbeitsplatznahes Lernen hingegen nimmt die aktuelle Fragestellung des Mitarbeiters als Lernanlass und unterstützt seine Selbstverantwortung. Die intelligente Betreuung dieser Lernmöglichkeit mit individuellen und systemorientierten kollegialen Lernprozessen gibt passgenauere Antworten auf die Fragen, die uns die permanenten Veränderungen unserer Arbeits- und Lebenszusammenhänge stellen. Eine Charakterisierung arbeitsplatznaher Lernsysteme folgt im nächsten Abschnitt.

In der Debatte über Wissensmanagement, Qualitätsentwicklung und den demografischen Wandel und über einen adäquaten Umgang mit den Problemen sind viele Konzepte beschrieben und praktiziert worden. Oft geht es dabei darum, einen Know-how-Verlust ausscheidender Kollegen aus der Organisation zu reduzieren. Kollegiale Beratungs- und Arbeitsgruppen oder -tandems gehören dazu.

Die Konzepte kollegialer Beratung sind nicht neu. In Organisationen wie Kindergärten und Beratungsstellen haben sie schon vor über 30 Jahren dem gemeinsamen Erfahrungsaustausch gedient. Die Praxisbeispiele existieren also. Dennoch zeigt heute die Erfahrung, dass gerade Unternehmen sich dieser Konzepte besinnen und auf die in der eigenen Organisation vorhandenen Ressourcen und Kompetenzen bauen wollen.

Die verstreute Praxis muss zu einem Programm, zu einer Lerninfrastruktur in der Organisation werden, wenn man sich nicht auf eine Weitergabe und ein Vermitteln von Fachwissen beschränken, sondern auch den Transfer und die Entwicklung

einer kollegialen und konstruktiven Gesprächs- und Beratungskultur nutzen will. Im Dialog im Unternehmen, auch zwischen
den Generationen, werden Unternehmens(lern)kultur und Or-
ganisationswissen, vor allem „implizites Erfahrungswissen",
erhalten und weitergeben.

3.2 Wissen managen und kooperieren

Individuen müssen in verschiedensten Arbeits-, Bildungs- und
Lernkontexten – Beruf, Schule, Universität, Aus- und Weiterbildung u. a. – sich Wissen gegenseitig zugänglich machen. Es
liegt der Gedanke zugrunde, dass der Einzelne Wissen nicht bei
sich alleine ansammeln kann, sondern darauf angewiesen ist,
im Austausch mit anderen auf gegenseitige Wissensbestände
zugreifen zu können und Wissen im sozialen Kontext zu generieren, sprich: zu kooperieren. Dies ergibt sich umso mehr aus
einer zunehmenden Informationsflut, die durch die Verbreitung elektronischer Medien weiter ansteigt und den Einzelnen
mit der Verarbeitung überfordern kann.

Es bedarf einer Lernkultur, die das gemeinsame Generieren
von Wissen aus eigenen Erfahrungen heraus ohne zu starken
Konkurrenzdruck und ohne Ellenbogenmentalität, im Grunde
schon in der Schule, möglich machen kann. Wichtig hierbei ist
die Unterscheidung zwischen explizitem und implizitem Wissen (vgl. Nonaka u. Takeuchi 1997).

Lernprozesse verlaufen bei den Lernenden nicht synchron,
sondern es handelt sich dabei um höchst individuelle Prozesse.

Im Zusammenhang mit Lern- und Qualifizierungsprozes-
sen in Organisationen erscheint uns auch die Unterscheidung
von Wissensformen in materiales (Know-how) und reflexives
(Know-how-to-know) Wissen relevant. Hätte das nicht früher
eingeführt werden müssen? Letzteres lässt sich nochmals auf-
teilen in Methoden-, Reflexions- und Persönlichkeitswissen.

Formen reflexiven Wissens können nicht einfach „vermittelt" werden, andererseits bildet eigenes, reflexives Lernen einen Grundstein für lebenslanges Lernen.

Die Voraussetzungen dafür sind (Selbst-)Lernkompetenz und Selbsterschließungskompetenz.

Das Managen von Wissen in Lernsystemen zielt zudem auf einen besseren Zugang zu implizitem Wissen *(tacit knowledge)*, zu verborgenen Verknüpfungen und Zusammenhängen von Wissensbeständen ab. Denn implizites Wissen beruht auf Erfahrungen, Milieukenntnis und ist getragen von Intuition und dadurch schwer über Lehren, wohl aber im persönlichen Austausch vermittelbar.

Implizites Wissen ist verbunden mit Wirklichkeitskonstruktionen und eigenen Beobachtungsperspektiven der Wissensträger. Bei Weitergabe von Wissen sollten sowohl die Inhalte wie auch die Perspektiven der Wissensträger deutlich werden. Für die Gestaltung der Übergänge zwischen explizitem und implizitem Wissen müssen Formen der Interaktion und Organisation geschaffen werden, damit individuelles und organisationales Wissen artikuliert, durch Dialog und Anteilnahme zugänglich und dadurch für Individuen und Organisationen nutzbar gemacht werden können (vgl. Lakoni et al. 2001).

Neben zielorientierter Kommunikation von Sachinhalten und erklärter Prozessgestaltung muss hier ein vielschichtiger Kommunikationsprozess gestaltet werden, der Chancen bietet, explizites und implizites Wissen im Verbund auszutauschen.

Selbst bei gemeinsamem Bestreben, dies zu tun, ist es aber unmöglich, die zugehörigen inneren Bezüge jedes Einzelnen auf den kommunikativen Bildschirm zu bringen. Anhand der Reflexion von Beispielen jedoch können unbewusste Wirklichkeitsbilder angeglichen werden, auf die sich die Kommunikationspartner beziehen können.

So findet in Kommunikation mit dem Gegenüber reflexives und implizites Lernen von Inszenierungsstilen, Inszenierungswahrnehmungen und Haltungen statt, welches weit über die Kommunikation und das Lernen von Sachinhalten hinausgeht.

3.3 Arbeitsplatznahe Lernsysteme

Wir sprechen dann von arbeitsplatznahem Lernsystem (ALS) als Programm, wenn es mehr ist als die Durchführung kollegialer Beratung zur Weitergabe und Vermittlung von Wissen an einzelnen Stellen der Organisation und ohne gemeinsamen Geist (Veith 2008b). Oftmals entstehen diese Formen kollegialer Beratung auf Eigeninitiative der Mitarbeiter und in informellem Rahmen. So lobenswert diese Initiativen aus Organisationssicht sind, so sehr verdeutlichen sie den Bedarf an Vernetzung und Kooperation.

Aktuelle Anfragen zeigen uns, wie sich Organisationen, Unternehmen wie Schulen und Hochschulen als Kompetenznetzwerke verstehen (wollen). Im Rahmen von Führungskräfteentwicklung wird beispielsweise neben Führungsseminaren und Führungskräftecoaching systematisch eine Plattform kollegialen Lernens unter Führungskräften aufgebaut. Derzeit führen wir kollegiale und arbeitsplatznahe Lernsysteme in verschiedenen Institutionen ein (in Unternehmen für Führungskräfte, in einem Schulennetzwerk für Lehrer sowie in der Hochschule für Studierende eines Zusatzstudiums OE/PE und Lehramtsstudierende aller Schultypen).

Dabei machen wir immer wieder die Erfahrung, dass es auf bestimmte Schritte in der Einführung ankommt, damit der Benefit für alle als Arbeitskultur wirksam wird, wenn wir externen Moderatoren und Berater nicht mehr im System sind.

Die Einführung wird als Prozess verstanden, als ein sich wiederholender, zyklisch ablaufender mehrstufiger Arbeitsprozess, und umfasst die folgenden Themen. Die Schritte sind als logische, nicht als zeitliche Schritte aufzufassen. Sie überlappen sich, werden gelegentlich übersprungen oder geschehen simultan:

- Wir führen in verschiedene kollegiale Lern- und Beratungsdesigns und didaktische Settings mit unterschiedlicher Rollenverteilung ein (diese Arbeitsformen wurden in Kap. 1 ausführlich beschrieben).

- In das Thema „Systemische Lernkultur" steigen wir durch kleine Impulse und Übungen ein (dieser Begriff wird in Kap. 5 dargestellt).

- Wir stellen Vorgehensweisen und Tools für gemeinsames Lernen, Beraten und Austauschen vor und wenden sie an (Auftragsklärung, Diagnose und Analyse beruflicher Fragestellungen, Hypothesenbildung und passgenaue Lösungen, systemisch-lösungsorientiertes Fragen, Rollen- und Verantwortungsmodell und weitere Konzepte).

- Wir stabilisieren die Lernkultur dadurch, dass wir den Prozess kollegialer Beratung begleiten (kollegiale Beratung wird im Team durchgeführt und begleitet durch Moderation und Metakommentare der externen Berater, der Gesamtprozess der kollegialen Beratung wird reflektiert). Der Nutzen der vorgestellten Tools wird durch das praktische Anwenden im Team erlebbar, und es wird deutlich, dass man den Prozess immer wieder durchlaufen muss, damit sich die gemeinsame Kultur des Voneinander- und Miteinanderlernens etabliert.

- Wir sichern die Nachhaltigkeit in Arbeitsprozessen und der Organisation, indem wir in den Teams auf ein Commitment zur Verankerung in der Organisation, auf gemeinsame Regeln und Konventionen, Vertrauensregeln und Abstimmung in den Beratungsteams Wert legen. Wir erarbeiten Kommunikationswege und -mittel innerhalb der Organisation bezüglich der Frage: Wie kann kollegiale Beratung für die Organisation nützlich sein? Unser Ziel hierbei ist, Sinn und Nutzen kollegialer Beratung für den Einzelnen und die Organisation transparent zu machen, beispielsweise mithilfe von Multiplikatoren.

Wie man sich die konkreten Schritte der Einführung vorstellen kann und was man dabei beachten sollte, beschreiben wir im Weiteren.

Es entsteht dann durch die Art und Weise des Umgangs untereinander sowie durch inhaltliche Fragestellungen und Zielvorstellungen eine andere Lernkultur aus dem Miteinander- sowie Voneinanderlernen selbst. Vielfach trägt sie Elemente einer verbesserten Zusammenarbeits-, Kommunikations- und Konfrontationskultur, welche über die Bearbeitung von Fachfragen hinaus entsteht.

3.4 Praktische Erfahrungswerte und Anforderungen bei der Einführung

3.4.1 Erfolgsfaktoren für arbeitsplatznahe Lernsysteme

Checkliste für die Einführung in Organisationen/in Netzwerken
- Autorisierung und Promotion der Initiative durch Schlüsselfiguren der Organisation
- Neuinszenierungsregie und nachhaltige Erhaltungsregie
- von der Außenregie zur Eigenregie: das Multiplikatorenmodell
- Einführen von und Experimentieren mit Prototypen: Verwirklichen von „Kostproben" zur adäquaten Anpassung im Laufe eines Prozesses
- Lernatmosphäre und Lernklima: Wertschätzung, Würdigung, Kompetenz- und Ressourcenorientierung
- Repertoire an Lernarrangements, Lern- und Arbeitsdesigns: Protagonisten können nach einer Einführung kompetent selbst organisiert weiterführen, weiterlernen und -arbeiten (siehe didaktische Designs in Kap. 2)
- Haltungen und Wertorientierung: Offenheit, Vertrauen, Wertschöpfungsorientierung

- partizipative und kooperative Lernbereitschaft: Erfahrungs- und Problemlöseorientierung, Bereitschaft zum Perspektivenwechsel und zur Selbst- und Prozessreflexion
- Stabilität bezüglich der orientierenden Lern- und Arbeitskultur, nicht bezüglich der Zusammensetzung der Protagonisten
- Ressourcen in der Organisation (externe Moderation und Einführung, Zeit, Freistellung im Arbeitsvollzug oder im Arbeitsumfeld, Räume).

Einige dieser Punkte wurden bereits in Kapitel 2 in ihrer Bedeutung für das Gelingen und den Nutzen der Methode generell erwähnt. Hier liegt der Fokus nun auf ihrer Bedeutung für die Einführung der Methode in Organisationen. Wir beschreiben Erfolgsfaktoren und Fallstricke, Dos und Don'ts, Regeln und Prinzipien für die nachhaltige Einführung kollegialer Beratung, die aus unserer Erfahrung nicht achtlos beiseitegelassen werden dürfen.

- *Autorisierung und Promotion der Initiative durch Schlüsselfiguren, Ressourcen in der Organisation*
  Diese beiden Aspekte sind miteinander verknüpft. Wenn die Initiative von Schlüsselfiguren, beispielsweise der Geschäftsleitung, getragen und befürwortet wird, dann ist die Bereitstellung von unbedingt notwendigen Ressourcen (meistens) gegeben. Für die externe Moderation wie auch für die benötigte (Arbeits-)Zeit, in der die Mitarbeiter freigestellt werden, und die Räume, in denen kollegial beraten wird, werden Ressourcen benötigt, für welche die Organisation aufkommen muss.

  All diese Punkte sind sehr viel leichter realisierbar, wenn hinter der Top-down-Initiative eine Schlüsselfigur dafür einsteht, kollegiale Beratung als nachhaltige Qualifizierungsform in die Organisation einzuführen.

Gerade der Aspekt „Zeit" soll näher beleuchtet werden, da er für den Erfolg der Methode sehr entscheidend ist. Unsere Erfahrung hat gezeigt, dass es selten mit einer Einführung in die Methode im Rahmen eines Zweitagesworkshops getan ist, will man die Teilnehmer tatsächlich nachhaltig mit der Bedeutsamkeit des strukturellen Aufbaus kollegialer Beratung vertraut machen. Geprägt durch organisationale Arbeitsprozesse, die u. U. ein direktes Verknüpfen von Problemidentifikation und Problemlösung erfordern, wird hier von den Teilnehmern ein Umdenken im Kontext kollegialen Arbeitens gefordert. Für dieses Umdenken benötigen die Teilnehmer Zeit des Übens und nach einem angemessenen zeitlichen Abstand weitere externe Moderation und Unterstützung im Sinne einer Vertiefung.

Hierzu ein *Beispiel*: Führungskräfte und Mitarbeiter in einer Beamtenorganisation müssen täglich über Anträge und Verfahren entscheiden. Sie sind es gewohnt, aufgrund fachlicher Abwägungen schwarz-weiß zu denken und zu beurteilen. In der kollegialen Beratung werden nun Zusammenarbeits- und Führungssituationen zur Reflexion eingebracht, in welchen es nun vielmehr darum geht, in Grautönen zu denken und „auszuwerten", d. h., die Wirklichkeitssicht anderer sich selbst zunutze zu machen. Teilnehmer erleben diesen Unterschied dann als einen deutlich anderen Zugang zu ihrer Arbeitswirklichkeit.

• *Neuinszenierungsregie und nachhaltige Erhaltungsregie*
Gerade in der Einführungsphase werden eine externe Moderation und Begleitung empfohlen, da ein „Warmwerden" mit der Methode wesentlich reibungsloser vonstattengeht, wenn sich die Teilnehmer auf die Beratungsinhalte fokussieren können und sie dabei Feedback und Hilfestellung bezüglich ihrer Rollen-, Zeit- und Methodendisziplin durch externe Moderation erhalten.

Zur Neuinszenierung am Anfang braucht es eine passende Architektur der Einführung und sorgfältige Regie für die Dialoge in der kollegialen Beratung, damit nicht ins Kaffeehausgespräch abgeglitten wird. Oft sind wir in der Praxis der Situation begegnet, dass die Teilnehmer so gefangen sind vom „Fall" und der Idee, den anderen zu unterstützen, dass schnell in einen gewohnten Stil des Miteinanderplauderns verfallen wird. Hier ist es auch sehr hilfreich, auf die Designblätter (vgl. Kap. 2) und den dort beschriebenen Prozess Wert zu legen. Manche Beratungsteams glauben sehr früh, keine Designblätter zu brauchen, und wollen die Vorgehensweise freigeben, bevor ein gemeinsames Repertoire an Arbeitsrollen und -verfahren wirklich verankert ist.

Zum Übergang von der Neuinszenierungs- zur Erhaltungsregie gehört auch ein angemessener Einführungsrhythmus, um den Verlust der erworbenen Kulturgewohnheiten im Team vorzubeugen.

Wir empfehlen zum Start einen eintägigen Workshop als Minimum, besser einen zweitägigen. Danach arbeiten wir häufig mit drei Modellen:

– Modell 1: eine konstante Begleitung und Moderation der Gruppen, beispielsweise 5 halbtägige moderierte Sitzungen im Abstand von ca. 4 bis 6 Wochen.

– Modell 2: ein weiterer Ein- bis Zweitageworkshop zur Vertiefung der Beratungsarbeit im Abstand von 6 bis 12 Wochen zur Einführungsveranstaltung. Hierin integriert, kann auch bereits eine Multiplikatorenqualifizierung angelegt sein (dieser Punkt wird anschließend noch ausgeführt). Die Moderatoren können von den externen Beratern nach und nach die Regie übernehmen und stehen für die Erhaltungsregie und Promotion in der Organisation bzw. für den Übergang von Außen- zur Eigenregie.

– Modell 3: Wenn die Erfahrung in der Organisation gemacht wird, dass die Teams aus zeitlichen und terminlichen Gründen die vereinbarten Beratungssitzungen mehrmals verschieben oder absagen, hat sich ein anderes System als hilfreich erwiesen. Zwei- bis dreimal im Jahr wird ein kollegiales Beratungsforum als eigener Event angeboten, zu dem alle bereits in kollegialer Beratung Qualifizierten eingeladen werden. Vor Ort bilden sich dann kleine Beratungsteams, die an den eingebrachten Fragestellungen arbeiten. Gerade hier kommt den Beratungsteams die gemeinsame *Enkulturierung* zugute, eine stabile Zusammensetzung der Teams über die Sitzungen hinweg ist nicht unbedingt notwendig (auch darauf wird weiter unten nochmals Bezug genommen).

- *Von der Außenregie zur Eigenregie: das Multiplikatorenmodell* Unter qualifizierter (Außen-)Regie lernen die am kollegialen Lernprozess Teilnehmenden schnell, ihre Rollen einzunehmen. Durch komplementäres Agieren bilden sich bald ein neues Zusammenspiel und ein neuer Stil heraus, die dann zunehmend stabil gehalten werden können. Nach und nach lernen alle Beteiligten dann, immer mehr über die Regel hinaus den Sinn der Inszenierung zu verstehen. Sie übernehmen zunächst Regie durch Mitgestaltung des Settings und durch Einhaltung der Regeln, lernen dann aber zunehmend über nicht vorhersehbare Prozesse, in diesem Sinn kreativ und kooperativ Regie zu führen.

Erst wenn die Eigenregie sorgfältig verankert ist, können und sollten sich die externen Berater aus dem System „ausschleichen". Wie auch im Beratungskontext allgemein bewegt man sich hier auf dem schmalen Grad zwischen dem Verbleiben im Klientensystem zur ausreichenden Kompetenzentwicklung einerseits und vorschneller oder längst überfälliger „Entsorgung" der Berater aus dem Klientensystem andererseits. Hierfür muss eine verantwortungsvolle Balance mit den Initiatoren (beispielsweise den Verantwortlichen aus PE/OE), den Multiplikatoren und den Schlüsselfiguren bzw. Promotoren (beispielsweise der Geschäftsleitung) gefunden werden, ohne dass Letztere vorschnell das Interesse verlieren oder mit anderen Interessen und Prioritäten querkommen.

Um dies zu unterstützen, arbeiten wir mit einem *Multiplikatorenmodell* in der Organisation, indem wir Multiplikatoren in dieser Rolle zusätzlich qualifizieren. Diese haben einen Kompetenzvorsprung nicht aufseiten von Beratungs- und Führungs-Know-how, wohl aber im Verständnis der kollegialen Beratungsprozesse und -rollen sowie der dafür notwendigen Regiekompetenz, die es zur Anleitung und Implementierung unbedingt braucht.

Es gibt immer wieder an kollegialer Beratung Teilnehmende, die über die direkten Lerneffekte kollegialer Beratung hinaus an solchen Prozessen so sehr Gefallen finden, dass sie als Multiplikatoren kollegiale Beratung in neuen Gruppen unterstützen wollen und so in neue Organisationsrollen, manchmal sogar in neue Berufswege finden.

Die Multiplikatoren schulen wir in einem eigenen 1- bis 1,5-tägigen Event. Mit den Multiplikatoren zusammen erstellen wir ein Tool-Set, welches sie selbst für die Einführung neuer Teams in kollegiale Beratung nutzen können. Dieses Tool-Set beinhaltet Vorgehensweisen und Beratungsdesign ebenso wie eine Zusammenfassung des Theoriehintergrunds zum besseren Verständnis der Zusammenhänge. Wesentlich sind aus unserer Erfahrung die Multiplikatoren auch für die Kommunikation des Sinns und Nutzens von kollegialer Beratung in die Organisation hinein, gegenüber weiteren Führungskräften, in entsprechenden Gremien, Interessengruppen und Führungskräftekreise. Sie unterstützen damit wesentlich die Kommunikationsarbeit der Initiatoren und tragen zur Verbreitung der Idee und Maßnahme bei. Auch hier hat sich gezeigt, dass man in der Multiplikatorenschulung auf diese „Kommunikationsarbeit" der Multiplikatoren gesondert eingehen sollte, um den Wert und den Nutzen für alle entsprechend darzustellen.

Folgendes Toolset hat sich in unserer Einführungs- und Multiplikatorenpraxis bewährt.

Toolset für Multiplikatoren
- Ablauf-/Prozessmodelle für kollegiale Beratung (Handouts zum Ablauf)
- Struktur und Rollen in der kollegialen Beratung (Handouts und Visualisierungen, siehe Kap. 2)
- Demonstration kollegialer Beratung mit Moderation und Metakommentaren
- Themeninput „Hypothesenbildung und Lösungssuche"
- Themeninput „systemische Fragen" (Handout)
- Sinn und Nutzen kollegialer Beratung (Erfahrungslernen und „Tunnelblick verlassen")
- Input zu (wissenschaftlichem) Hintergrund: Bild des Mobiles, Kulturen begegnen sich, Innen- und Außensicht (Metapher des Aquariums), das Positive im Negativen sehen („andere Sicht der Dinge")
- Regeln und Konventionen in den Intervisionsteams (Handout)

Zur positiv verankerten Eigenregie gehört auch ein Bewusstsein dafür, dass nicht „Starkult" mit einzelnen Personen betrieben wird (was als Dynamik in Qualifizierungs- und Trainingsgruppen als Gefahr beobachtet werden kann), sondern dass die Würde und Kompetenz aller in der kollegialen Beratung im Mittelpunkt stehen und Kern der Kulturentwicklung sind.

Folgende ausführlichere Sammlung zu *Sinn und Nutzen kollegialer Beratung* in Organisationen hat sich als nützlich erwiesen (diese Sammlungen entstanden u. a. im Rahmen von Workshops zum Thema „Kollegiale Beratung und Einführung systemischer Lernkultur").

Unterstützung von Führungskräften in ihrer Aufgabe
– beispielsweise bei Umstrukturierung, Bereichsausbau, Führungswechsel …
– Förderung und Entwicklung von Sozialkompetenzen

Lernen aus der Erfahrung der anderen (am Beispiel)
- Erfahrungsaustausch

Netzwerkbildung
- beispielsweise durch abteilungsübergreifende Zusammensetzung von Intervisionsteams
- Netzwerkbildung fördert die Entwicklung von vertrauensvollen Beziehungen (→ Kulturentwicklung)

Kulturentwicklung
- veränderter Umgang mit Schwierigkeiten
- positive Arbeitsatmosphäre (Außenwirkung über die Unternehmensgrenzen hinweg)
- „Thematisieren statt Aussitzen"

Entspannung von Problemfeldern
- verändertes Erleben des Umgangs mit Problemen („Gemeinsam packen wir's an!")
- schwierige Situationen teilen; Erleben von Zusammenhalt

Kompetenzentwicklung
- konkrete Problemlösungen
- strukturierter Wissenstransfer (Entwicklungsrichtung: lernende Organisation)
- Stärkung der eigenen Person (fachlich und persönlich)
- Perspektiven von Kollegen zur (Selbst-)Reflexion bezüglich der Rolle als Führungskraft
- Er-MUT-igung, Probleme anzugehen

Entwicklung von Fachthemen
- konkrete Lösungen und Lösungswege
- vertikale Zusammensetzung der Intervisionsteams
- Profitieren durch Heterogenität der Gruppe(n); speziell bei bestimmten Themen (strukturellen Veränderungen, Rollenwechsel, Wertewandel ...)

Sinn und Nutzen von kollegialer Beratung für die Unterstützer in Organisationen

– Zeitersparnis
– Sparen von Weiterbildungskosten (z. B. für Coaching, Seminare ...)
– Lernen aus Fehlern, geringere Fehlerquote
– Wissensmanagement, Wissensweitergabe
– allgemein verbesserter Transfer von Wissen – auch in Kombination mit Seminaren und den Inhalten
– besserer Output und damit Entlastung der oberen Führungsebene

• *Einführen und Experimentieren mit Prototypen*
Nicht jede Vorgehensweise passt zu jeder Organisation mit ihrer Kultur. Wichtig ist daher am Anfang, dass man einen Eindruck der Qualität von kollegialer Beratung vermittelt im Sinne von Kostproben. Unsere Erfahrung ist, dass durch die ersten Erlebnisse im kollegialen Beratungsprozess und vor allem durch den persönlichen Nutzen am Anfang der Aha-Effekt entsteht. Ob die Designs und die Lernerfahrung, die man damit machen kann, zur Organisation, zur Kultur, zum Stil der Zusammenarbeit und zu Offenheit/Vertrauen passen, ist eine Frage im weiteren Prozess. Damit hängt z. B. die Frage fester Intervisionsteams zusammen, die für sich ein Repertoire an für sie passenden Designs finden müssen. D. h., man schaut dann im Prozess, was sinnvoll für die Teilnehmer ist, was realisierbar erscheint, was umsetzungsfähig und nachhaltig ist und steuert an der einen oder anderen Stelle gegebenenfalls nach und passt an.

• *Lernatmosphäre und Lernklima*
Geht man davon aus, dass das Arbeiten in kollegialer Beratung eine umfassende Ressourcenaktivierung bei allen Beteiligten zum Ziel hat, so ist hierfür wesentlich notwendig, dass Lernatmosphäre und Lernklima geprägt sind von gegenseitiger Wertschätzung und Würdigung sowie von Kompetenz-

und Ressourcenorientierung. Damit verknüpft sind die Haltungen und eine gemeinsame Wertorientierung. Uns ist sehr wohl bewusst, dass der geforderten Offenheit und dem gegenseitigen Vertrauen in Organisationen eine politische Komponente beigegeben sein kann, gerade wenn wir mit Führungskräftegruppen bzw. hierarchisch heterogenen Gruppen (mit Führungskräften unterschiedlicher Niveaus) arbeiten. Sind sie jedoch von Beginn an Teil eines unbedingten *Commitments*, alle angesprochenen Themen nicht nach außen zu tragen, so wird es dann den Teilnehmern erst möglich, auch brisante und weitreichende Probleme im Rahmen kollegialer Beratung zu bearbeiten und Lösungen zu finden. Damit gilt dann Wertschöpfungsorientierung nicht nur als Charakteristikum kollegialer Beratung, sondern benennt auch einen Nutzen für die Organisation im Sinne der angestrebten Problemlösungsorientierung.

Das Commitment bezüglich der gemeinsamen Vertrauensbasis bzw. bezüglich der Regeln und Konventionen in den Beratungsteams wird in der Einführungsphase als eigenes Thema von uns eingebracht.

Hierfür nutzen wir in Untergruppensequenzen beispielsweise folgende Designblätter.

Regeln und Konventionen im Intervisionsteam (IVT)

Bedeutung erfragen
Das IVT hat für mich momentan den Stellenwert: *(z. B. durch Punktabfrage 1–10)*
Für die Zukunft wünsche ich mir: *(z. B. erlebte Sinnhaftigkeit von kollegialer Beratung; Entwicklung einer Gruppenkultur)*

Rahmenbedingungen
Wie viel Zeit bin ich pro Sitzung bereit zu investieren? *(z. B. 2–3 Stunden, regelmäßig)*
Wie sollte der Raum/Ort beschaffen sein?

Regeln der Zusammenarbeit in Bezug auf:
Ablauf der Sitzung:
Umgang miteinander *(z. B. Termine beim ersten Treffen festlegen; Termine einhalten → falls nicht, Optionen anbieten; offene Kommunikation)*
Was bedeutet Vertrauen im IVT?
Wie schaffen wir Vertrauen und Verbindlichkeit? *(z. B. über Regeln sprechen, Schweigepflicht)*
Wer ist im IVT wofür verantwortlich? Welche Rollen sind sinnvoll? *(z. B. Moderator, Berater, Zeitwächter, Beobachter, eventuell Protokollant; jeder trägt Mitverantwortung fürs Gelingen)*

Szenario für die eigene Lerngruppe

Plenum: Aufteilung in die Intervisionsteams, die sich im Raum verteilen. In jedem Team tauschen sich die Teilnehmer entlang den Fragen leise aus. Nach 30 min finden sich alle im Plenum zusammen.

Wie erlebe ich Anfangssituationen in Gruppen? Zu welchen Verhaltensweisen neige ich in solchen Situationen?

Wenn ich mich auf meine persönliche Lerngeschichte in Gruppen zurückbesinne, was fällt mir dabei ein? Welches waren besonders erfreuliche, welches besonders belastende Situationen?

Zu welchen Rollen neige ich im Umgang mit solchen erfreulichen bzw. belastenden Situationen?

Welche Wünsche habe ich an eine kollegiale Beratungsgruppe?

Welche Verhaltensweisen erlebe ich als unterstützend, welche eher als hinderlich?

- *Partizipative und kooperative Lernbereitschaft*
  Das im Vorhergehenden Gesagte ist wiederum verschränkt mit einer *partizipativen und kooperativen Lernbereitschaft*; sie ist eine weitere Bedingung für kollegiale Beratung und auch ihr wesentlicher Effekt. Denn Erfahrungs- und Problemlöseorientierung sowie die Bereitschaft zum Perspektivenwechsel und zur Selbst- und Prozessreflexion gelten generell als Erfolgsfaktoren von Problemlösungsstrategien, die jedoch in kollegialer Beratung methodisch gefordert und gefördert werden.

- *Stabilität bezüglich der orientierenden Lern- und Arbeitskultur*
  Auch wenn es im Laufe einer Anzahl von Arbeitstreffen in einer kollegialen Beratungsgruppe zu vielen positiven „Klimaeffekten" wie z. B. Vertrauensaufbau, eingespieltem Miteinanderarbeiten und gemeinsam erarbeiteten Lernerfolgen kommt, ist es für die Gruppe wichtig, sich bezüglich teilnehmender und neu dazukommender Personen offen und durchlässig zu halten. Es sollte stets möglich sein, interessierte Personen an einem Arbeitstreffen teilnehmen zu lassen oder sie mit in die Gruppe aufzunehmen, sofern die Gruppengröße nicht dagegenspricht. Vielmehr sollte die Gesamtgruppe ihr

Augenmerk auf eine *Stabilität bezüglich der orientierenden Lern- und Arbeitskultur* richten – und dann entfalten Werte wie Offenheit und Interesse am anderen und Haltungen wie Partizipation und Kooperation ihre Kraft über das einzelne Beratungssetting hinaus. Auch darin liegt das Potenzial kollegialer Beratung als kulturbildende Maßnahme in Organisationen begründet.

- *Repertoire an Lernarrangements, Lern- und Arbeitsdesigns*
  Wie bereits ausführlich in Kapitel 2 dargestellt, existiert eine Fülle von Beratungsdesigns, die wir in Organisationen einführen. Wichtig ist, dass in der Einführungsphase nicht zu viele, aber auch nicht zu wenige verschiedene Prozessabläufe dargestellt und erprobt werden. Meist stellt sich schon im Rahmen der Kick-off-Veranstaltung heraus, welche Prozessabläufe gut zu den Personen, ihren Rollen in der Organisation und den Stilen sowie der Gesamtorganisation passen. Die Teilnehmer sollten im Verlaufe der Einführungsphase kompetent über ein Repertoire an Lern- und Arbeitsdesigns für kollegiale Beratung verfügen lernen.

3.5 Kollegiale Beratung als Instrument der organisationalen Lernkulturentwicklung – Das Modell der Lernschleifen

Kollegiale Beratung = kollegiales Lernen.

In jeder kollegialen Beratungssituation bieten sich für die Teilnehmer verschiedene Lernmöglichkeiten. Wir ordnen diesen Lernprozess auf einer Spirale an, da sich sowohl innerhalb einer Fallbearbeitung als auch über mehrere Fallbearbeitungen hinweg für die an kollegialer Beratung Teilnehmenden Lernschleifen ergeben.

Über kollegiale Beratung eine organisationseigene Lernkultur aufzubauen und zu pflegen bietet die Chance, neben inhaltlich-fachlichen Kompetenzen weitere Kompetenzen wie

Steuerungskompetenz und insbesondere Lernkompetenz bei den Mitarbeitern arbeitsplatznah zu fördern, welche für verschiedene Rollen und Funktionen in gegenwärtigen Veränderungen erforderlich sind (vgl. Franz u. Kopp 2003).

Darüber hinaus lassen sich aus unserer Erfahrung weitere *Kultur- und Lerneffekte* von kollegialer Beratung beschreiben:

• Lernen am Beispiel des Falles/der einzelnen Fragestellung: fragmentarisches und exemplarisches Lernen
• Lernen in Steuerung/Verbesserung der Selbststeuerung
• Lernen im Prozess: Dialogkultur in Organisationen
• kollegiale Beratung als Integrationsmodell für Arbeiten und Lernen.

Die im Modell der Spirale verbildlichten Lerneffekte kollegialer Beratung gehen in ihrer Reichweite jedoch über den Einzelnen hinaus und können Veränderungen sowohl auf der Ebene des direkten Arbeitsumfeldes bewirken (Abteilung, Team) als auch in Form kultureller Veränderungen auf Organisations- und Professionsebene spürbar werden. Dies zeigt Abbildung 7.

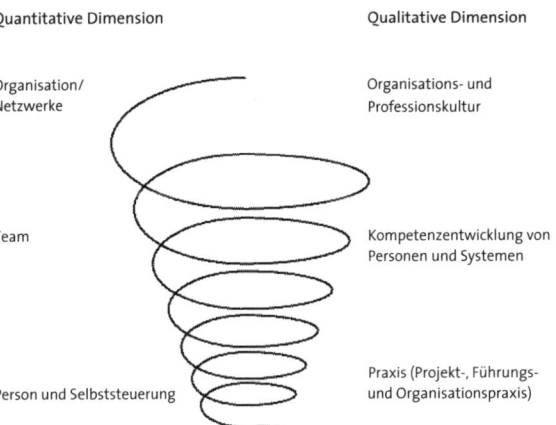

Abb. 7: Das Modell der Lernschleifen – quantitative und qualitative Dimension

Plausibel ist somit, Lernkultur auf verschiedenen Ebenen zu unterscheiden. Analog zu den von Thiel (1994, S. 18 ff.) beschriebenen Lernebenen lässt sich Lernkultur auf der Ebene der Person – im Sinne eines eigenen Lernstils –, der der Gruppe – als soziales (Lern-)System – und jener der Institution entwickeln. Analog gilt dies auch für den Arbeitsstil, der in komplexen Funktionen immer mit Lernen verbunden ist.

3.5.1 Lernen am Beispiel: Fragmentarisches und exemplarisches Lernen

Wie wir bereits im Kapitel 2 beschrieben haben, zeichnet sich das Arbeiten in kollegialer Beratung zunächst dadurch aus, dass man als Teilnehmer (Fallgeber/kollegialer Berater) konkrete Handlungsoptionen dafür bekommt, wie mit der beschriebenen Situation alternativ umgegangen werden kann. Die Perspektiven der anderen Teilnehmer machen verschiedenartige Strategien bezüglich des eigenen Handelns und der eigenen Steuerung deutlich. Der Fallgeber hat einen „Blumenstrauß an Möglichkeiten", wie er selbst konkret in Handlung oder in Bezug auf seine eigene Einstellung und Haltung etwas verändern kann.

Fragmentarisches und exemplarisches Lernen bezeichnet das Lernen an der Beispielhaftigkeit des Falles. Die Idee ist dabei, dass die Auseinandersetzung mit Einzelaspekten des Problems auch Aufschluss auf die Organisation und Dynamik des Ganzen geben. Durch die Bearbeitung einer exemplarischen Problem- und Konfliktsituation und durch darauf bezogene Hypothesen und Lösungsoptionen entstehen neben dem aktuellen Lerneffekt auch Möglichkeiten des Transfers auf andere Konstellationen als langfristiger Lerneffekt.

Dieses exemplarische, fragmentarische Lernen und Lehren (vgl. Schmid 2002b, S. 15), welches vor allem „personale Professionalität" (Schmid et al. 2000, S. 8) fördert, ist gebunden an die Qualität der Beispiele und Inszenierungen sowie die Art und Weise, wie im Rahmen der Lernkultur damit gearbeitet und umgegangen wird. Danach richten sich der Lernerfolg und der Lerneffekt. Es entsteht die Möglichkeit des „qualitativen Transfers" (Schmid 2002c, S. 4), wenn der bearbeitete Fall qualitativ hochwertig ist, d. h., wenn an ihm exemplarisch Lösungswege und damit *Kompetenzen zur Lösungsfindung* für andere Szenen und Praxissituationen entwickelt werden können.

Bei der detaillierteren Betrachtung der Transfermöglichkeiten treffen wir die Unterscheidung zwischen einer horizontalen und einer vertikalen Fokussierung.

Horizontale Fokussierung meint dabei Wirklichkeitsbetrachtungen innerhalb einer bestimmten Ebene oder Inszenierung, beispielsweise einer bestimmten Praxissituation in der Organisation oder einer Projekt- und Führungssituation.

Vertikale Fokussierung meint, Prinzipien oder Wesensverwandtschaften über verschiedene Inszenierungsebenen hinweg zu betrachten, d. h., es werden Prinzipien oder Ähnlichkeiten über verschiedene Szenen und Situationen hinweg identifiziert.

Davon ausgehend, kann man zwei Formen von Transfer unterscheiden: *horizontalen Transfer* und *vertikalen Transfer*.

Horizontaler Transfer bedeutet, dass jemand für eine konkrete Situation aus der Praxis etwas lernt. Mit der Theatermetapher gesprochen, bezieht sich der Lerneffekt auf die Bühne, die der Lernende eingebracht hat. Im Idealfall kann er das Gelernte gleich dort umsetzen. Auf diese Weise kommt jemand zu anderen Erkenntnissen, Verfahren oder Vorgehensweisen. Am Beispiel einer kollegialen Beratungsübung kann dies bedeuten: Der Fallgeber bringt eine konkrete, reale Führungssituation ein, über die gesprochen wird, und es gelingt ihm durch die kollegiale Beratung, die Führungssituation zu reflektieren und sich in der realen Situation und seiner Rolle in anderer Weise zu steuern und zu agieren.

Vertikaler Transfer bedeutet, dass jemand in die Lage versetzt wird, das Gelernte von einer konkreten Situation zu abstrahieren und es auf eine oder mehrere andere Bühnen zu übertragen, d. h. sowohl inhaltlichen, methodischen als auch kulturellen Transfer zu leisten. Aus der Abstraktion entsteht eine bestimmte Art des Lernens in den konkreten professionellen Situationen ganz „automatisch" auch auf anderen Bühnen, in anderen Rollen oder in völlig anderen Kontexten (z. B. in der Privatwelt).

Wird dies erlebbar, ist kollegiale Beratung besonders gelungen, zumal ja jeder nur Kostproben seiner vielfältigen Aufgaben vorstellen kann. Daher ist wichtig, wenn vertikales Lernen neben den direkten horizontalen Effekten Aufmerksamkeit findet und ein entsprechender Kultureffekt in der Organisation verankert werden kann (Meyer et al. 2009).

3.5.2 Lernen in Steuerung/Verbesserung der Selbststeuerung: Steuerung und Verantwortung

Wenn wir mit beratungsunerfahrenen und -ungeübten Gruppen (z. B. von Führungskräften) in kollegiale Beratung einsteigen, führen wir die Begriffe der Steuerungsfrage oder des Steuerungsproblems ein. In der kollegialen Beratung wird dann gefragt, wie die geschilderte Fragestellung ein Steuerungsproblem *für den Fallgeber* darstellt und wie in Dimensionen von Steuerungsverbesserung gedacht werden kann. Damit ist gemeint, dass natürlich auch andere Beteiligte zum „Problem" beitragen und Arbeits- und Berufssituationen immer in ihrem Kontext betrachtet werden, in welchem viele Aspekte (Ressentiments, Rollen, Strukturen, Hierarchien, Führung und Verantwortung u. a.) relevant sein können. In diesem Beratungsverständnis fragen wir jedoch nach der eigenen Wirksamkeit im System: Welches ist meine Verantwortung, welches sind meine Kompetenzen und Möglichkeiten (Schmid 1989)?

Wie kann ich durch die Veränderung meiner Steuerung einen Unterschied machen? Häufig befindet sich der Fallgeber in einem Gefühl der Ohnmacht, da er von den Handlungen anderer abhängig zu sein scheint oder sich in starren Strukturen wiederfindet. Hier ist es wichtig, auf die eigene Handlungsmöglichkeit und Steuerungsfähigkeit bzw. die Veränderung der eigenen Haltung Wert zu legen: Wie kann ich mir verbesserte Steuerung vorstellen?

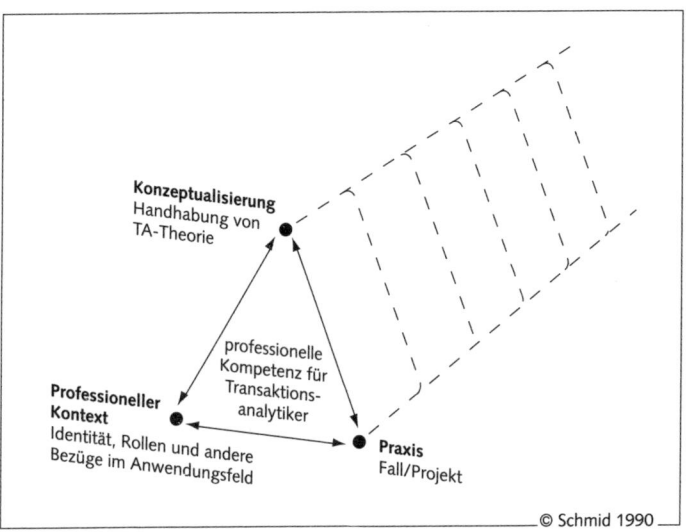

© Schmid 1990

Abb. 8: Perspektiven für professionelle Kompetenz und Supervision (Toblerone-Modell)

Um professionelle Kompetenz im Sinne angemessener Steuerung zu betrachten, ziehen wir im Toblerone-Modell drei Perspektiven heran. Warum trägt das Modell den Namen einer schweizerischen Schokolade? In der Schokoladenmetapher kommt es bei den drei Zutaten Milch, Kakao und Zucker nicht nur darauf an, ob sie von guter Qualität sind. Die ausgewogene Mischung und das passende Verhältnis der Zutaten entscheidet über den Geschmack der Schokolade, nicht nur die Güte der einzelnen Zutaten. Im Toblerone-Modell sind die Handhabung theoretischer Modelle, die Praxis und der professionelle Kontext die „Zutaten". Wenn wir mit dem Modell auf

Kompetenzentwicklung und Steuerungsverbesserung schauen, achten wir auf die Kombination und Integration der drei Perspektiven – dargestellt durch die Pfeile zwischen den drei Perspektiven in der Grafik (Schmid 1990).

3.5.3 Lernen im Prozess: Dialogkultur in Organisationen

Als weiterer Lern- und Kultureffekt wäre das dialogische Prinzip zu nennen, das im Zusammenhang mit einer neuen Lernkultur nochmals beschrieben wird (Kap. 5). Dialogischer Austausch zur Reflexion beruflicher Praxis oder privaten Handelns wird deshalb immer wichtiger, weil die Arbeitsorganisation und zum Teil auch die zunehmende Individualisierung dies nicht mehr als festen Bestandteil vorsieht. So kommt der „Rückkehr" zum Dialog in der Bildung und in Organisationen im Sinne einer Lernkultur mehr und mehr Bedeutung zu.

Die entscheidende Herausforderung scheint die Gestaltung des Gemeinwesens und damit der gemeinsamen Wertschöpfungsketten in Organisationen zu sein. Arbeitsprozesse sind häufig individualisiert, und gleichzeitig steigt der Bedarf nach Abstimmung der Prozesse und Teilschritte und nach Austausch. Lauterburg (2001, S. 6) stellt fest: „Der Bedarf an persönlicher Klärung im Dialog mit kompetenten Gesprächspartnern ist sehr hoch."

Aus systemischer Sicht kann es sich auch bei der Reflexion und Hypothesenbildung der kollegialen Berater um einen Metadialog (Hargens u. Grau 1992, S. 236 f.) handeln.

In unserem Verständnis von Dialogkultur werden neben inhaltlich-methodischen Aspekten auch Haltungen, Kompetenzen und Stile der Wahrnehmung und Wirklichkeit unterschwellig und unbewusst-intuitiv im Lern- und Arbeitsprozess wahrgenommen und entwickelt. Das Dialogmodell der Kommunikation veranschaulicht das Zusammenspiel von unbewusst-intuitivem und bewusst-methodischem Lernen:

Es „veranschaulicht sowohl den inneren Dialog jedes Kommunikationspartner als auch die Kommunikation zwischen diesen Partnern bzw. Systemen auf der bewusst-methodischen und auf der unbewusstintuitiven Ebene. Dabei beschreibt die bewusst-methodische Oberfläche der Kommunikation das, was wir kontrollieren können. Es ist das sichtbare, beobachtbare Verhalten wie z. B. unsere Worte" (Schmid u. Gerard 2008, S. 60).

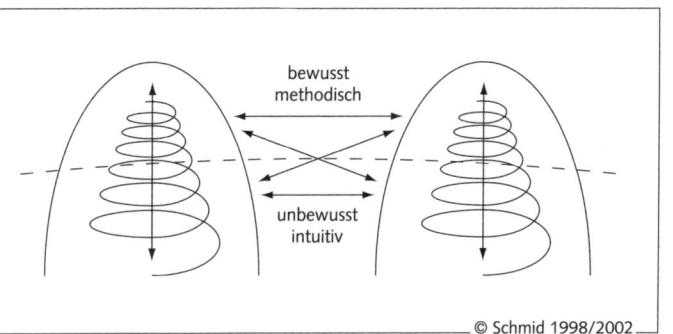

Abb. 9: Dialogmodell der Kommunikation

„Da der Austausch von Informationen zwischen zwei Personen bzw. Systemen sich nicht auf das an der Kommunikationsoberfläche Beobachtbare und in Worte Gefasste beschränkt, fokussiert dieses Modell auch auf den Dialog mit unter- oder hintergründigen wirklichkeitsbildenden Kräften und darauf, wie die Beteiligten sie wahrnehmen und in der Steuerung berücksichtigen können. Die Aufmerksamkeit wird so auf die Vielschichtigkeit der Begegnung und der entstehenden Wirklichkeit gelenkt. Dadurch können oberflächliche Begegnungen vielschichtiger und hochwertiger gemacht werden. Dies kann notwendig sein, weil sonst Kommunikation nicht genügend erfasst, um wirksam zu sein, oder schlicht wünschenswert, weil sich die Menschen dann eher in der Begegnung finden können" (ebd., S. 61).

„Eine hochwertige Begegnung kann vieles verändern. Es entstehen dabei Schwingungen, die ganze Felder neu ordnen, Bereiche mit neuen Qualitäten einfärben, Motivationen wiedererwecken, seelische Kräfte neu in diesem Begegnungsfeld versammeln, Maßstäbe neu beleben und Weichen in der inneren Selbstorganisationsdynamik der Personen

und im Umgang miteinander stellen können. Die erfahrene Qualität
der Kommunikation kann als so berührend erlebt werden, dass sie
als Beziehungsvorgabe in weitere Begegnungen hineinstrahlt. Es lohnt
also, Menschen mit diesen Dimensionen von Begegnung in Kontakt
zu bringen. Denn nur, wenn die Oberfläche einer Kommunikation in
Einklang mit dahinter wirkenden unbewusst-intuitiven Wirklichkeiten
steht und diesen dient, kann unseres Erachtens bedeutungsvolle und
kreative Kooperation geschehen" (ebd., S.61).

Neben der direkten Anreicherung der aktuellen Kommunikation steht dieses Modell für die Schulung der Dialogfähigkeit
überhaupt.

Wirklichkeit kann in diesem Modell bewusst nur ausschnitt-
haft erfasst werden, da die Verarbeitungskapazität des bewussten Denkens zu gering ist, als dass es die gesamte Komplexität
von Wirklichkeit erfassen könnte. Zusammengefügt werden
diese Ausschnitte auf der unbewussten Ebene, die dann dem
bewussten Denken Produkte dieser Integrationen in Form von
Intuition zur Verfügung stellt.

3.5.4 Kollegiale Beratung als Integrationsmodell
für Arbeiten und Lernen

Wir nennen dies einen *multiperspektivischen* oder *multidimen-
sionalen Ansatz*. Ob in der Diagnose von Problemen, ob beim
Design von Innovationen oder bei der Steuerung eines Bespre-
chungsprozesses – es müssen gleiche systemische Dimensionen
bedacht werden: Auftrag, Struktur- und Prozessüberlegungen,
Fragen betreffend Rollenbesetzung und Regiearbeit in ihren
Zusammenhängen und ihre praktische Relevanz für konkrete
Kontexte.

So kann z. B. kollegiale Beratung zu einer Inszenierung
werden, die analog der Führung eines Bereiches, der Konzi-
pierung eines Mitarbeitergesprächs oder einer Projektleitung
nach denselben systemischen Gesetzmäßigkeiten gesteuert
wird. Damit wird Beratung zu einem Modell, das Führung,
das Lernen, Struktur- und Prozessgestaltung und Wachstum

durch geeignetes persönliches Feedback gleichzeitig mit integriert – und damit zu einem Modell der Integration von Lernen und Arbeiten.

Beratung steht dabei für Gestalten durch professionelle Kommunikation in verschiedenen Rollen.

4 Kollegiale Formen von Beratung und Supervision

Wie hat sich kollegiale Beratung entwickelt, und wodurch unterscheidet sie sich von anderen Beratungsformen? Dieser Frage soll in diesem Kapitel nachgegangen werden. Ziel ist dabei, kollegiale Beratung mit der ihr eigenen Qualität der „Hilfe zur Selbsthilfe" im weiten Beratungsfeld zu verorten.

4.1 Das vielfältige Verständnis der Begriffe „Beratung" und „Supervision" und das Modell der kollegialen Variante

Da in der Literatur verschiedene Begriffsvarianten zu finden sind, wollen wir zunächst von *Beratung* und *Supervision* als *kollegialer Beratung* übergeordneten Begriffen ausgehen. Supervision kann als eine besondere Form von Beratung verstanden werden (vgl. Mutzeck 1996, S. 21 f.; Pallasch 1991, S. 131). Nimmt man noch den Begriff *Coaching* hinzu, so tritt man in eine Begriffswelt ein, die allerlei Sichtweisen erlaubt und in der es kein allgemein getragenes Verständnis der Begrifflichkeiten gibt. Es lassen sich kaum gravierende inhaltliche Unterscheidungskriterien zwischen diesen Formen der Beratung von Personen beschreiben. Mit den einzelnen Unterformen von Beratung, ob Einzelsupervision, Coaching oder Beratung, werden bestimmte Assoziationen hervorgerufen, auf die im jeweiligen Kontext des Klienten und auch von ihm selbst Wert gelegt wird. Diese assoziativen Unterschiede entstanden wohl durch die unterschiedlichen Entstehungsumfelder und ihre kulturellen Verankerungen und haben meist mehr dogmatischen Charakter.

Beratung kann wohl als der am breitesten angelegte Begriff gesehen werden. Bei den Adressaten professioneller Einzelberatung im Organisationsbereich handelt es sich nicht nur um Leitungs- und Führungskräfte auf verschiedenen Managementebenen sowie um Selbstständige im Profit- und Non-Profit-Bereich, sondern auch um Mitarbeiter aller Hierarchieebenen. Hinzu kommen Formen der Team- und Organisationsberatung (vgl. Königswieser u. Hillebrand 2008).

Im Zentrum unseres Beratungskonzepts steht der Mensch in der Berufswelt, in der Organisationswelt und – darauf bezogen – in der Privatwelt. Dafür haben wir das Drei-Welten-Modell der Persönlichkeit entwickelt (vgl. Schmid 1990/2002). Im Organisationskontext bezieht sich die Beratungsarbeit mit den Klienten häufig auf die Rolle, im Speziellen auf die Führungsrolle der Personen, und im Weiteren auf die vielschichtige Rollengestaltung in komplexen Organisationen und Beziehungen sowie auf das Zusammenspiel von Rollen und Persönlichkeitsentwicklung.

Supervision hat als Praxisreflexion im beruflichen Handlungszusammenhang für soziale Berufe wie Sozialarbeiter, Therapeuten und Psychologen ihren festen Platz und ist sogar obligatorisch (vgl. Rotering-Steinberg 1990, S. 428). Man spricht von verschiedenen Formen der Supervision: von Gruppensupervision, Teamsupervision oder Peergroup- bzw. kollegialer Supervision (vgl. Fengler et al. 2000, S. 172).

Coaching ist als Begriff eher im Profitbereich angesiedelt, wohingegen Supervision stärker im Non-Profit-Bereich als Begriffsbezeichnung dient.

Es existiert weder *eine* explizite Beratungstheorie, noch liegt eine einheitliche Definition des Begriffs und der Methodologie von Supervision vor. Und es gibt eine ganze Reihe von Literatur und Definitionen von Coaching. Schon 2001 finden sich 16 Definitionen von Coaching (vgl. Fengler 2001, S. 38 ff.), mittlerweile dürften das Vielfache an Definitionen zu finden sein.

Dennoch soll an dieser Stelle eine Umschreibung von Supervision angeführt werden, die aus unserer Sicht und aufgrund der Beschäftigung mit Beratungs- und Supervisionsansätzen eine treffende Akzentuierung vornimmt:

> „In der Bereitstellung eines Ortes und eines Instrumentariums zur Korrektur, zur Entwicklung und immer neuen Gestaltung des beruflichen Handelns und der beruflichen Organisationssysteme liegt meines Erachtens die zentrale Botschaft von Supervision. Das kommunikative Angebot eines Weges, Antworten miteinander zu suchen und zu finden, das führt zum Erfolg von Supervision." (Berker 1999, S. 76).

Eine Form der Supervision ist die Fallsupervision, deren Merkmale ebenfalls in der kollegialen Beratung und im Coaching wichtig sind. Folgende Charakterisierung bringt dies gut zum Ausdruck, wobei vor allem der Aspekt der Rollenklärung für die kollegiale Arbeit wesentlich ist:

> „Mit der Fallsupervision [...] bietet sich ein über die Fallbesprechung hinausgehendes elaboriertes Instrumentarium, um den Fachkräften die Selbstreflexion und -evaluation im Fallverstehen und -handeln zu ermöglichen." Dabei ist „die Orientierung an den fallbezogenen Arbeitszielen und dem Konzept der Einrichtung professioneller Standards und berufsethischer Kodizes von großer Bedeutung" und führt „zu einem rollenklärenden Erkenntnisgewinn." (Kühl u. Müller-Reimann 1999, S. 104).

4.2 Ursprünge sowie Entstehungs- und Verwendungskontexte kollegialer Beratungsformen

Begriffe und Formen

Auffällig ist zunächst die Fülle an begrifflichen Varianten, die kollegiale Konzeptionen von Beratung und Supervision zu fassen versuchen. *Kollegiale Beratung und Supervision* (vgl. Pallasch 1991, S. 135; Schlee 1992, S. 188 ff.; Thiel 2000, S. 184 ff.) ist die wohl gängigste Begriffsform und gleichsam die weiteste. Sie wird als solche in der Kombination der Begriffe „Beratung" und „Supervision" oder jeweils einzeln aufgrund des größten Spektrums in der Beschreibung kollegialer Lern- und Arbeitsformen herangezogen. Dies liegt wohl vor allem daran, dass das oben skizzierte Verständnis zugrunde gelegt wird, wonach Supervision eine handlungsbezogene und praxisorientierte Form der Beratung im Berufsumfeld ist.

Wir selbst konzentrieren uns in unserer Beschreibung auf den Begriff der kollegialen Beratung.

Nimmt man aus der Literatur weitere Formen hinzu, so sind sowohl die definitorischen Unterscheidungen der einzelnen Varianten als auch die inhaltlich-methodische Einbindung und Anwendung unklar. Pallasch (1991, S. 135) stellt die Frage,

> „ob die kollegiale Beratung, kollegiale Praxisberatung, kooperative Praxisberatung oder kollegiale Supervision besondere Formen von Supervision darstellen oder ob diese kollegialen Beratungen selbst als Supervision verstanden werden."

Häufig werden die Begriffe als gleichwertige wechselweise benutzt.

Weitere Synonyme zu kollegialer Supervision finden sich in den Begriffen Peergroup-Supervision, kollegiale Praxisberatung, kollegiales Coaching und Intervision. Kollegiale Supervision

> „besteht in einer wechselseitigen, selbst organisierten Supervision zwischen gleichrangigen Kolleginnen und Kollegen, die ohne einen externen Supervisor stattfindet" (Rotering-Steinberg 2001, S. 377, 379).

Dennoch gehen die verschiedenen Begriffs- und Anwendungsvarianten zumeist auf Konzeptionen einzelner Autoren zurück bzw. wurden von ihnen entscheidend mit- und weiterentwickelt.

Eine Zusammenstellung findet sich bei Thiel (2000, S. 184) mit dem jeweiligen Verweis auf die Autoren.

So entstehen Mitte bis Ende der 1970er Jahre die verschiedenen Konzeptionen von Pallasch („kollegiale Supervision"; 1991, S. 108 ff.), Huschke-Rhein („systemische Supervision und Intervision"; 1998, S. 184 ff.) sowie Mutzeck („kooperative Beratung" und „kollegiale Praxisberatung in der Gruppe"; 1996, S. 113 ff.).

Welche Konsequenzen sich aus einer homogenen oder auch heterogenen Zusammensetzung der Arbeitsteams oder -gruppen ergeben, wird unterschiedlich beurteilt. Es kann hier und in den anderen Konzeptionen davon ausgegangen werden, dass die Mitglieder der kollegialen Beratungsgruppen einem einheitlichen oder ähnlichen Berufsfeld angehören. So vor allem dann, wenn es sich bei kollegialer Beratung um eine der beiden beschriebenen Entstehungs- und Anwendungsformen handelt:

Kollegiale Beratung als ein zielgruppenorientiertes, selbständiges Fortbildungs- und Selbsttrainingsprogramm zur Projekt- und Praxisbegleitung in kollegialer Beratung – wie es Rotering-Steinberg, Schlee oder Mutzeck beispielsweise für Lehrergruppen konzipiert haben oder wie es beispielsweise auch selbst organisierte Treffen von Intervisionsteams sind.

Oder kollegiale Beratung als der gleichermaßen integrale wie integrierende Bestandteil einer Weiter- und Fortbildungsmaßnahme mit spezifischem inhaltlichem Schwerpunkt – wie sie vom *Institut für systemische Beratung* im Bereich Professions-, Organisations- und Kulturentwicklung durchgeführt wird.

Neben dem didaktischen Einsatz kollegialer Beratung in Weiterbildungskontexten oder als grundlegende Arbeitsform in Intervisionsgruppen deutet beispielsweise Rotering-Steinbergs (2001, S. 385 ff.) Erweiterung der anfänglichen Konzepte auf den betrieblichen Kontext und die Weiterentwicklung als „Führungs-Lernstatt" eine zentrale Zukunftsperspektive für kollegiale Beratung als Form arbeitsplatznahen Lernens in der Praxis in Unternehmen an, welche durch jüngere Beispiele in Literatur und Praxis konkretisiert und umgesetzt wird.

Neuere Veröffentlichungen liegen von Tietze (2003), Brinkmann (2002), Herwig-Lempp (2004) und Lipmann (2009) vor. Franz u. Kopp (2003) nehmen neben einer methodischen Analyse eine Zusammenschau unterschiedlicher Verwendungskontexte vor und beschreiben aus der Praxissicht der Organisationen. Forschungsarbeiten wurden von Veith (2002; Universität Heidelberg) und Schmidt (2002; Universität Bonn) verfasst. Dies zeigt, dass Veröffentlichungen zu kollegialen Formen von Beratung in der Literatur mittlerweile häufiger vorzufinden sind.

Wir wollen nun eine Entwicklungsgeschichte der Konzeptionen kollegialer Beratung und Supervision hinsichtlich der Entstehungskontexte nachzeichnen (vgl. Thiel 2000, S. 185 ff.). Dabei werden wir die gestiegene und aus unserer Erfahrung aktuell steigende Akzeptanz und die Möglichkeiten der auf verschiedenen Ebenen förderlichen, produktiven und lebensweltenorientierten Anwendung aufzeigen.

Kontexte der Entstehung
Praktizierte Formen und Varianten kollegialer Beratung und Supervision bildeten sich vor allem dort, wo auch schon Supervision als Handlungs- und Praxisreflexion selbst angesiedelt war. Vor allem in den schon angesprochenen helfenden, unterstützenden, beratenden und entwickelnden Berufen und im pädagogischen und psychosozialen Berufsfeld zeigte sich ein Bedarf an eigener berufsbezogener Reflexion und Beratung. Es entstanden und etablierten sich angeleitete Formen der Ausbildungssupervision in den verschiedensten Ausbildungen zum Gruppendynamiker, Psychotherapeuten, Psychoanalytiker, Sozialarbeiter oder Supervisor selbst (vgl. Fengler 1992, S. 181; Fengler et al. 2000, S. 177 f.) sowie Formen der Fortbildungssupervision, aber auch zunehmend kollegiale Formen unter ebendiesen Berufgruppen sowie unter Lehrern und anderen sozial Tätigen.

Besonders die Konzeption der kollegialen Beratung und Supervision für Lehrer erlebte einen Zuwachs an Bedeutung. Denn diese Formen bildeten sich oft aus ganz pragmatischen Gründen zur Weiterbildung, Qualifizierung und Professionalisierung von Lehrenden im Kontext Schule; so z. B. Rotering-Steinbergs Konzeption und Evaluation für Lehrergruppen

(1983), welche sie für andere Berufsgruppen modifiziert hat (1990, S. 428 ff.), Schlees „Konzept einer kollegialen Beratung und Supervision (KoBeSu)" für Lehrer, welches „aber grundsätzlich auf alle anderen Berufe und Lebensbereiche übertragbar" ist (1992, S. 188 ff.), und Mutzecks eigens entwickelter Ansatz der kooperativen Beratung (1996), welcher die Basis der Konzeption einer Zusatzqualifikation insbesondere für Sonderschullehrer ist (1992, S. 143 ff.) und mithin eine Mischform beider Anwendungsvarianten kollegialer Beratung darstellt. Bei Thiel ist in einem Fortbildungsmodell für Leitungskräfte im sozialpädagogischen Bereich die Kombination von professioneller und kollegialer Supervision integriert (1994, 2000, S. 184 ff.), was sich so in ähnlicher Weise auch in der Qualifizierung am *Institut für systemische Beratung* wiederfindet.

Der Erfahrungsaustausch in einem dialogischen Setting kommt dieser Berufsgruppe und auch den anderen Gruppen im pädagogischen Umfeld, welche die Lernform in ihre Arbeit integrierten, in besonderer Weise entgegen. Sie sehen sich selbst als pädagogisch geschult an und begegnen Therapie und angeleiteter, professioneller Supervision häufig mit Skepsis (vgl. Thiel 2000, S. 188).

Zwei weitere Kontexte können als relevante Entstehungsrahmen genannt werden. Zum einen erlangte kollegiale Beratung dort Bedeutung, wo eine nicht ausreichende Zahl von Beratern zur Verfügung stand. Da dies in der Gemeinde- und Stadtteilarbeit der Fall war, wurde das Erlernen kollegialer Beratung zunächst als Fortbildung angeboten, danach wurde die Beratung in Projekten in Eigenregie weitergeführt. Die Selbstorganisation des Lernens wird hier wesentliches Element. Zum anderen kann Ähnliches für den Einsatz in Kindergärten gelten. Die kollegialen Berater, die eine meist längere Fortbildung durchlaufen haben, arbeiten mit den Arbeitsgruppen an Themen des Berufsalltags.

Fengler nennt in diesem Zusammenhang eine Vielzahl verwandter Arbeitsformen (vgl. Fengler et al. 2000, S. 175 ff.), die jedoch das Verständnis von kollegialer Supervision und Beratung dadurch zu verwischen scheinen, dass sehr viele Arbeits- und Gruppenformen (z. B. die Anonymen Alkoholiker, Freizeit- und studentische Arbeitsgruppen sowie informelle Fachgespräche), die natürlich auf Kollegialität als Strukturelement aufbauen, in die Nähe kollegialer Beratung gestellt werden. Dabei sind jedoch Kollegialität und das Arbeiten unter Peers nur ein konstituierendes Element. Es ist die Art und Weise, gerade im Sinne einer Lernkultur, wie einander beraten und supervidiert wird, wie miteinander und voneinander – sozial – gelernt und gearbeitet wird an Problemen des beruflichen oder auch privaten Alltags, die von zentraler Bedeutung ist.

In ihrer Gestaltung wird diese Lernform wesentlich für die Teilnehmer. In der Reflexionsarbeit mit Peers sind es „Dichte und Bedeutsamkeit des Kontakts" (Fengler et al. 2000, S. 173) und die „Ausbreitung von Kraftfeldern" (Schmid 2002c, S. 4; vgl. dazu auch Schmid u. Hipp 2002, S. 49 f.) sowie die insgesamt personenqualifizierenden und systemqualifizierenden Effekte, die den Unterschied zum schlichten Austausch unter Gleichen darstellen.

Als verwandte konzeptionelle Ansätze und Vorformen können die Arbeiten von Ruth Cohn (2009) zu der von ihr entwickelten Methode „Themenzentrierte Interaktion" (TZI) sowie die von Michael Balint und die der Balint-Methode (Balint 2001) genannt werden. Ruth Cohn wird zitiert, wenn von lebendigem Lernen gesprochen wird (vgl. „Living Learning" bei Schreyögg 2000, S. 442). Bedeutend sind die personenzentrierte Art des Arbeitens und Lernens in der Tradition der humanistischen Pädagogik und Psychologie sowie ihre Werthaltungen und Menschenbildannahmen, die sich in kollegialer Beratung wieder finden.[1] Als Lernform und Lernsetting ist kollegiale Beratung ein Bereich „einer pädagogischen Tradition"

---

1 Vgl. die „drei Axiome als Annahmen und Wertentscheidungen": „Verantwortlichkeit, Respekt, Veränderbarkeit" (Meister 1996, S. 91 ff.).

(Pühl 1990, S. 3) sowie „ein Bereich der Andragogik" (Schlee u. Mutzeck 1996, S. 15).

Als konzeptionelle „Vorform" der kollegialen Supervision und Fallberatung zeigt sich ein bedeutendes Charakteristikum in der Balint-Gruppen-Arbeit. Es soll dabei nicht übersehen werden, dass ein Designelement von Balint-Arbeit den Formen kollegialer Beratung insofern widerspricht, als Balint-Gruppen von einem Balint-Gruppen-Leiter, meist einem Psychoanalytiker oder Psychotherapeuten, geleitet werden und dies einen grundlegenden Unterschied zur Arbeitsform und Rollengestaltung der kollegialen Beratung darstellt, die ohne einen Leiter durchgeführt wird. Jedoch werden in beiden Formen schwierige „Fälle", in der Balint-Gruppen-Arbeit „schwierige Patienten", vorgestellt, an denen die ganze Gruppe gemeinsam arbeitet (Dickhaut u. Luban-Plozza 1990, S. 303 f.).

Ein weiteres der Ursprungsform kollegialer Beratung entsprechendes gemeinsames Prinzip ist, dass es in der Regel um eine dyadische Beziehungskonstellation und ihre Diagnose geht, die gemeinsam betrachtet und gestellt werden. Bei der Balint-Gruppen-Arbeit ist dies die Arzt-Patient-Beziehung, da in diesem Konzept davon ausgegangen wird, dass der Arzt die eigentlich heilende Wirkung besitzt (vgl. ebd., S. 303, der „Arzt als Droge").

Erst in weiteren Entwicklungen, so auch am *Institut für systemische Beratung*, wurde das Konzept von kollegialer Beratung auf Konstellationen in Dreierbeziehungen oder Organisationskontexte sowie auf den Komplex von Organisationsstruktur, Organisationskultur und -dynamik erweitert.

Hat die Balint-Arbeit eine deutliche Nähe zur Therapie, welche kollegiale Formen von Beratung gerade nicht aufweisen – und nicht aufweisen sollen –, so zeigt sich insbesondere dort eine wesentliche Parallele zur kollegialen Beratung, wenn darauf hingewiesen wird, dass die subjektiven Wahrnehmungen und das Erleben sowie die Fantasien und Hypothesen der Teilnehmer „das eigentliche Arbeitsmaterial" des gemeinsamen Wirkens darstellen (ebd., S. 304). Dies gilt gleichermaßen für kollegiale Beratungsformen und macht die Orientierung an den Subjekten im Sinne der Lernkultur deutlich.

Interessant scheint noch ein Blick auf die Intention Balints, mit der er seine Gruppenarbeit begonnen hat. Bezogen auf die Arzt-Patient-Beziehung, sollte für die Fortbildung von Ärzten gesorgt werden, denn sie hatten neben fehlender Zeit keine ausreichende Ausbildung für die Beziehungsgestaltung, „für Gespräche und menschliche Zuwendung", „eine ärztliche Zuwendung" oder die Wahrnehmung von „psychosozialen Problemen" (ebd., S. 309). Dieser Aspekt lässt sich auf Lehrer und ebenso auf Erwachsenen- und Weiterbildner übertragen, die ebenfalls eine hohe soziale Kompetenz in der Gestaltung von Beziehungen in Lernumgebungen benötigen, da dies zur Wesensart ihrer Arbeit gehört. Nicht zuletzt daraus lässt sich die hohe Akzeptanz kollegialer Beratungsformen unter Therapeuten, Beratern, Lehrern und anderen Professionellen im Bildungsbereich erklären.

Man kann zusammenfassend sagen, dass es sich bei den Vorformen vielmehr um graduelle und weniger um prinzipielle Unterscheidungen handelt, wie dies auch für das Nebeneinander – oder Miteinander – von angeleitet-professioneller und kollegialer Beratung gesagt werden kann.

Wir wenden in unserer Praxis und in der Einführungsphase kollegialer Beratung – sowohl im Weiterbildungsrahmen wie auch in Organisationen als Praxislernen – eine enge Verknüpfung von professioneller und kollegialer Beratung an und plädieren für supervisionsorientiertes Lernen und für Praxisreflexion vor Ort. Die Praxis der Einführung wurde in Kapitel 3 ausführlicher beschrieben.

In der arbeitsalltäglichen Anwendung kollegialer Beratungsformen lassen sich vielfältige Ausprägungen finden. Einige Anwendungsbereiche und Umsetzungsformen können für die Lernenden als wesentliche Instrumentarien für gemeinsames Lernen und Arbeiten gesehen werden.

„Wesentlich" deshalb, weil in ihnen die Kernbedeutungen kollegialer Beratung deutlich werden. Sie erlauben und ermöglichen den Teilnehmenden (als Lernenden), für sie relevante persönliche und berufliche Fragen und Entwicklungen (auf Sinn und ihr Wesen bezogen) sowie konkrete problematische Prozesse und Situationen im Beruf und in der Organisation zu reflektieren und sich darin begleiten und unterstützen zu lassen.

Lernen und Lernkultur orientieren sich hin zu einer ermöglichenden und auf den Lernenden fokussierten Konzeption von Lernprozessen und beziehen die Entwicklung der Persönlichkeit mit ein. Da in anspruchsvollen Berufen Arbeiten immer auch Lernen bedeutet, fließen kollegiales Lernen und kollegiales Arbeiten und die entsprechenden Kulturbetrachtungen ineinander.

5 Lernkultur – Annäherung an den Begriff

Kollegiale Beratung = kollegiales Lernen.

Bei der Weiterentwicklung kollegialer Beratungsformen durch die beschriebenen lerntheoretischen und didaktischen Impulse und bei der Implementierung kollegialer Beratung in Organisationen sind wir immer wieder bei dem Begriff der Lernkultur angekommen, den wir hier in näher beschreiben möchten. In Kapitel 2 sind wir schon ausführlich auf die Implikationen für die Arbeit mit Formen kollegialer Beratung in Organisationen und die Weiterentwicklung von Lernkultur eingegangen.

Versucht man, sich dem Begriff der Lernkultur zunächst deskriptiv zu nähern, so begegnet man dem Begriff »Lernen«, zum anderen der »Kultur«. Das Verständnis von Kultur in diesem Zusammenhang bezieht sich nicht auf die schönen Künste, sondern auf den Alltag, auf die Alltagskultur.

Nach Arnold und Schüßler (1998, S. 3) bezeichnet „Kultur" im Gegensatz zu „Natur"

> „alle nach einem kollektiven Sinnzusammenhang gestalteten Produkte, Produktionsformen, Lebensstile, Verhaltensweisen und Leitvorstellungen einer Gesellschaft. Als kulturelle Muster gemeinsamer Werte und Überzeugungen prägen diese Symbolisierungsformen sowohl über Traditionen als auch durch die alltäglichen Umgangsformen ihre Gesellschaftsmitglieder."

> „Bei Professions- und Organisationskultur geht es, bildlich gesprochen, nicht um sonntägliche Kulturereignisse, über die im Feuilleton berichtet wird, sondern um die Art und Weise des täglichen miteinander Wirtschaftens, also um die Kultur, die sich im Wirtschaftsteil der Zeitung zeigt" (Schmid 2008, S. 6).

> „Eine am ISB-Wiesloch verwendete *Definition* von Kultur im Zusammenhang mit Organisationen könnte demnach lauten:

Organisationskultur meint gelebte Antworten auf Fragen der Leistungserbringung und der Lebensqualität der beteiligten Menschen in formellen und informellen Bereichen des Zusammenwirkens.

Der Begriff *Kultur* kann dabei beschreibend verwendet werden oder Werte setzend. Zum einen geht es also um die Beschreibung gegenwärtig gelebter Antworten, zum anderen um Vorstellungen, wie Antworten ausfallen könnten und sollten" (Schmid u. Messmer 2005, S. 207).

Erlebte und gelebte Kultur ist immer Ausdruck einer Gruppe von Individuen. Über Kultur konstituiert sich ihre Zugehörigkeit zu dieser Gruppe. Die Mitglieder werden einerseits von der Kultur geprägt, sie prägen und gestalten aber andererseits durch ihr Handeln und Verhalten, durch eigene Werte und Haltungen im Sinne der Gemeinschaft die Kultur als »soziale Realität« (Arnold u. Schüßler 1998, S. 6), durch ihre persönliche Begegnung und den Kontakt untereinander, vor allem durch die Art und Weise des Umgangs ebenfalls mit.

Der Kulturbegriff wird vielfach ausdifferenziert. Es ist die Rede von Unternehmens- und Organisationskultur (vgl. Sonntag 1996, S. 41 f.), von Schulkultur und Lernkultur an Universitäten, Einrichtungen der Erwachsenen- und Weiterbildung und Unternehmen. Die Mitglieder sind Führungskräfte und Mitarbeiter, Schüler und Lehrer, Dozenten und Studenten, Lehrende und Lernende.

Kultur bezieht sich auf Verhaltens- und Umgangsformen, zugrunde liegende Werte und Normen sowie spezifische Wahrnehmungs- und Deutungsmuster und Haltungen, die sich in Prozessen von Kommunikation und Interaktion zwischen den Mitgliedern wiederfinden und darin immer wieder neu inszeniert werden. Die Mitglieder erhalten durch diese Rahmungen Orientierung für ihr Handeln, solange die zugrundeliegenden Normen und Werte von allen mitgetragen und geteilt werden.

Bezogen auf Lernsituationen in Unternehmen, Schulen und Einrichtungen der Weiterbildung, lässt sich in der Lernkultur eine Orientierung für das Lehr-Lern-Handeln gewinnen.

Verschiedene Elemente einer Kultur des Lernens lassen sich in einem ersten Überblick beschreiben als Umgangs- und Verkehrsformen und -stile, Inhalte und Qualifikationen in Lehr-Lern-Prozessen, Lehr-Lern-Methoden und -formen, Lernatmosphäre, persönliche wie fachliche Wertschätzung und Würdigung sowie Vertrautheit, Offenheit und Engagement und die Fähigkeit der Einrichtung selbst, sich gemäß einer lernenden Organisation mit Lern- und Innovationspotenzial weiterzuentwickeln (vgl. Arnold u. Schüßler 1998, S. 4 f.).

Neben Aspekten der Mikrostrukturen einer Institution gewinnen zunehmend auch die Makrostrukturen der Institution und die Ebene des institutionellen Handelns an Bedeutung. Dazu gehören beispielsweise Aufbau- und Ablauforganisation der Einrichtung, das Image und Selbstverständnis und nicht zuletzt die Kontakte zu und die organisationale Vernetzung mit anderen Einrichtungen als lernende Organisation.

Lernkultur ist immer auch Teil eines größeren, ganzheitlichen Kulturverständnisses der Organisation. Eine Lernkultur gibt es gewissermaßen *immer*, auch wenn sie nicht explizit so formuliert wird, nämlich im und durch den Umgang mit Lernen und Lernprozessen. Dies trifft gleichermaßen auf Unternehmen wie auf Einrichtungen der Bildung und Weiterbildung zu. Daneben existieren (Leit-)Bilder einer Arbeitskultur, Verantwortungskultur, Verbindlichkeitskultur, (Diskretions-/)Vertrauenskultur, Kommunikationskultur oder Führungskultur. Darüber, wie diese verschiedenen Prägungen und Differenzierungen von Kultur in Institutionen zueinander angeordnet sind und sich aufeinander beziehen, wie über die Begrifflichkeiten selbst gibt es kein einheiliges Verständnis. In diesem Zusammenhang sollen sie als Perspektiven des Kulturbegriffs gesehen werden.

Die Wahrnehmung der Lernkultur durch die Lernenden koppelt in ihrem Verhalten wieder an die Lernkultur und ihre Gestaltung und Entwicklung an, denn der Begriff Kultur („cultura", Sonntag 1996, S. 42) steht für Pflege, demnach die Pflege des Lernens, an der die Lernenden in hohem Maße, wenn auch unbewusst, beteiligt sind.

Gelebte (Lern-)Kultur wird durch die aktive Auseinandersetzung mit Inhalt und Gruppe erlebbar und spürbar für die Mitglieder. Spürbar gerade deswegen, weil Lernkultur auch immer getragen ist vom Atmosphärischem, von der Beziehungsgestaltung und vom sozialemotionalen Klima sowie Lernklima in der Gruppe oder der Organisation. Zum anderen geht es vermehrt um eine geistige, zwischenmenschliche und emotionale Haltung und Ausrichtung der Menschen als Kulturträger der Einrichtung.

Die zunehmende Komplexität beruflicher Tätigkeiten, Verantwortungen und der Arbeitsorganisationen, die Verschränkung der verschiedenen Lebenswelten der Person sowie eine rasch voranschreitende Veralterung personenbezogener Wissensbestände haben auch das Verständnis von Lernen und der Art, es zu gestalten, verändert. Die parallel zur Veralterung des Wissens verlaufende enorme Wissensentwicklung führt dazu, dass „die Kultur des Vorbereitungs- und Behaltenslernens grundlegend infrage" (Arnold u. Schüßler 1998, S. 65) gestellt wird. Die damit entstandene „Lernkulturdebatte" (Lisop u. Huisinga 1996, S. 142) befasst sich mit den Verständnissen von Lernen und Lernarrangements im Kontext von Schule, Ausbildung, Weiterbildung und Organisationslernen.

Man begegnet in der Literatur, die sich dieser Thematik jedoch noch nicht systematisch angenommen bzw. noch kein tiefes Verständnis von Lernkultur entwickelt hat, verschiedenen Thesen, die einerseits Kritik, andererseits auch Forderungen nach Veränderung darstellen sollen. Die Ausführungen zur Lernkultur haben dann vielmehr normativ-präskriptiven als deskriptiven Charakter.

Es wird aus den Umschreibungen von Lernkultur und der Frage danach, was unter Lernkultur zu verstehen ist, deutlich, dass man es mit einem Begriff zu tun hat, der einerseits immer präsenter wird in der pädagogischen Debatte über Schule,

Aus- und Weiterbildung und arbeitsplatznahes Lernen, obwohl es sich um keinen bisher sehr etablierten Begriff in der Bildungsdiskussion handelt. Andererseits sind an diesen Begriff und seine unterschiedlichen Interpretationen verschiedene Forderungen, Kritiken, Stellungnahmen, aber auch Hoffnungen geknüpft.

Als Zusammenfassung der bisherigen Ausführungen mit sowohl deskriptiven als auch normativ-präskriptiven Charakter beschreiben wir den Begriff der Lernkultur und benennen Elemente, mit welchen Lernkultur aus unserer Sicht entworfen ist.

Lernkultur kann verstanden werden als ein sinnvolles, stimmiges und von Atmosphäre und Lernklima getragenes, sich entwickelndes Ensemble von Grundverständnissen des Lernarrangements und der Lernumgebung, von theoretischem Referenzrahmen (z. B. aus systemisch-konstruktivistischer Perspektive), darin eingebundenen und darauf basierenden Arbeits- und Lernmethoden, didaktischen Elementen und handlungs- und kontextorientierten Inhalten (z. B. kollegialer Beratung, fragmentarischem Lernen), eingenommenen Haltungen und Wert-/Sinnorientierungen im Zusammenwirken mit dem Menschenbild (z. B. dem humanistischen Menschenbild, persönlicher Bezogenheit, Vertrauen und Offenheit, Förderung der Identitätsentwicklung) sowie ressourcenorientierter und schöpferischer Beteiligung und Einbindung der Menschen in ihrer persönlichen und professionellen Begegnung und Entwicklung. Lernkultur weist somit eine äußere und eine innere Gestalt auf.

5.1 Dimensionen von Lern- und Arbeitskultur

Wir haben diese Perspektiven in der Scheinwerfermetapher nochmals zusammengefasst. Damit soll eine Wachheit für die verschiedenen Perspektiven erreicht werden im Sinne von: Welche Scheinwerfer sind gerade an? Was für ein Licht werfen sie? Welche sind nicht eingeschaltet? Welche sollten hinzukommen? Die Metapher soll nicht dafür stehen, dass aus unserer Sicht nur dann von Lernkultur gesprochen werden kann, wenn alle Scheinwerfer gleichzeitig eingeschaltet sind. Vielmehr sollen damit die verschiedenen Perspektiven von Lernkultur beschrieben werden.

Abb. 10: Dimensionen von Lern- und Arbeitskultur
(aus Erfahrung des ISB)

In diesem Zusammenhang und im Weiteren besonders interessant ist konkret das Zusammenspiel von Methode und Lernkultur bei der Betrachtung kollegialer Beratung. Durch diese Lernform und Methode kann eine Lernkultur konstituiert werden, die auch subjektbezogen, aktivitätsfördernd und selbstständigkeitsfördernd ist, wobei die Förderung der Selbstständigkeit im Zusammenhang mit den Schlüsselqualifikationen der wesentliche Aspekt ist. Eine solche Lernkultur antizipiert deutlich die Kooperations- und Führungsformen, die im Kontext der neuen Arbeitsorganisation von zentraler Bedeutung sind.

Die (Weiter-)Entwicklung einer Lernkultur mit kollegialen Beratungsformen als tragende Säule ist in hohem Maße ressourcenorientiert, erwachsenengerecht, dient der Weiterentwicklung anderer Kulturperspektiven wie Kommunikationskultur, Führungskultur und nicht zuletzt Verantwortungskultur. Bei der Entwicklung einer nachhaltigen Organisations- oder Lernkultur geht es darum, nur so viel Veränderung durchzuführen, als auch gepflegt und gelebt werden kann.

Schmid (2002c, S. 4) geht davon aus, „dass Kultur nur durch Kultur entsteht, eher durch das ‚Wie‘ als durch das ‚Was‘ der Maßnahmen". Neue Kultur und Kulturwandel entsteht immer aus (vor)gelebter Kultur und daraus, dass Maßnahmen einen Beispielcharakter haben (vgl. ebd.).

Berker (1999, S. 72) betont für die Supervision:

> „Inhalte und Perspektiven sind die Variablen – Ort und Form die Konstanten, die allerdings feld- und aufgabenspezifisch differenziert gestaltet werden müssen." Und: „The medium is the message."

Dies gilt analog für kollegiale Beratung.

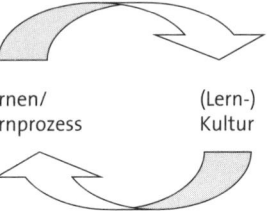

Lernen/   (Lern-)
Lernprozess   Kultur

Abb. 11: Lernen und (Lern-)Kultur

In Abbildung 11 wird verdeutlicht, dass sich Lernen und Lernprozesse sowie die Lernkultur in einem iterativen Prozess fortwährend verändern und weiterentwickeln. Lernkultur bildet das Fundament für Lernprozesse, die wiederum Lernkultur als Rahmung beeinflussen.

Literatur

Antonovsky, A. (1997): Salutogenese. Zur Entmystifizierung der Gesundheit. (Erweiterte deutsche Ausgabe von A. Franke,) Tübingen (DGVT).

Andersen, T. (1990): Das reflektierende Team. Dialoge und Dialoge über Dialoge. Dortmund (Modernes Leben).

Arnold, E. (2001): Kollegiale Supervision – Ein Instrument der Qualitätsentwicklung für die Hochschullehre. *Gruppendynamik und Organisationsberatung. Zeitschrift für angewandte Sozialpsychologie* 32 (4): 403–418.

Arnold, R. u. I. Schüßler (1996): Deutungslernen – Ein konstruktivistischer Ansatz lebendigen Lernens. In: R. Arnold (Hrsg.): Lebendiges Lernen. Hohengehren/Baltmannsweiler (Schneider), S. 184–206.

Arnold, R. u. I. Schüßler (1998): Wandel der Lernkulturen: Ideen und Bausteine für ein lebendiges Lernen. Darmstadt (Wissenschaftliche Buchgesellschaft).

Balint, M. (2001): Der Arzt, sein Patient und die Krankheit. Stuttgart (Klett-Cotta), 10. Aufl.

Berker, P. (1999): Ein Ort für Qualität: Supervision. In: W. Kühl (Hrsg.): Qualitätsentwicklung durch Supervision. Münster (Votum), S. 64–82.

Brinkmann, R. D. (2002): Intervision – Ein Trainings- und Methodenbuch für die kollegiale Beratung. Heidelberg (Sauer).

Cohn, R. C. (2009): Von der Psychoanalyse zur themenzentrierten Interaktion. Stuttgart (Klett-Cotta), 16., durchges. Aufl.

de Shazer, S. (1997): Der Dreh. Überraschende Wendungen und Lösungen in der Kurzzeittherapie. Heidelberg (Carl-Auer), 10. Aufl. 2008.

Dickhaut, H. u. B. Luban-Plozza (1990): Balintarbeit. In: H. Pühl (Hrsg.): Handbuch der Supervision. Berlin (Edition Marhold im Wissenschaftsverlag V. Spiess, Berlin, S. 302–322.

Faulstich, P. u. C. Zeuner (1999): Erwachsenenbildung: Eine handlungsorientierte Einführung. Weinheim/München (Juventa).

Fengler, J. (1992): Wege zur Supervision. In: W. Pallasch, W. Mutzeck u. H. Reimers (Hrsg.): Beratung – Training – Supervision. Eine Bestandsaufnahme über Konzepte zum Erwerb von Handlungskompetenz in pädagogischen Arbeitsfeldern. Weinheim/München (Juventa), S. 173–187.

Fengler, J. (2001): Coaching: Definition, Prinzipien, Qualifikationen, illustriert anhand einer Fall-Vignette. *Gruppendynamik und Organisationsberatung. Zeitschrift für angewandte Sozialpsychologie* 32 (1): 37–60.

Fengler, J., S. Sauer u. C. Stawicki (2000): Peer-Group-Supervision. In: H. Pühl (Hrsg.): Handbuch der Supervision 2. Berlin (Edition Marhold im Wissenschaftsverlag V. Spiess), 2. Aufl., S. 172–183.

Franz, H.-W. u. R. Kopp (Hrsg.) (2003): Kollegiale Fallberatung. State of the art und organisationale Praxis. Bergisch Gladbach (Humanistische Psychologie).

Hargens, J. u. U. Grau (1992): Konstruktivistisch orientierte Supervision. In: W. Pallasch, W. Mutzeck u. H. Reimers (Hrsg.): Beratung – Training – Supervision. Eine Bestandsaufnahme über Konzepte zum Erwerb von Handlungskompetenz in pädagogischen Arbeitsfeldern. Weinheim/München (Juventa), S. 232–240.

Herwig-Lempp, J. (2004): Ressourcenorientierte Teamarbeit: Systemische Praxis der kollegialen Beratung. Ein Lern- und Übungsbuch. Göttingen (Vandenhoeck & Ruprecht).

Huschke-Rhein, R. (1998): Systemische Erziehungswissenschaft: Pädagogik als Beratungswissenschaft. Weinheim (Deutscher Studien Verlag).

Kirchhöfer, D. (2004): Lernkultur Kompetenzentwicklung. Begriffliche Grundlagen. (Hrsg. von der Arbeitsgemeinschaft Betriebliche Weiterbildungsforschung e. V., Projekt: Qualifikations-Entwicklungs-Management, Berlin.)

Königswieser, R. u. M. Hillebrand (2008): Einführung in die systemische Organisationsberatung. Heidelberg (Carl-Auer), 4., überarb. Aufl.

Kopp, R. u. L. Vonesch (2003): Die Methodik der kollegialen Fallberatung. In: H. W. Franz u. R. Kopp (2003): Kollegiale Fallberatung. State of the art und organisationale Praxis. Bergisch-Gladbach (Humanistische Psychologie), S. 53–92.

Kösel, E. (1996): Modellierung von Lernwelten – Eine Möglichkeit für lebendiges Lehren und Lernen. In: R. Arnold (Hrsg.) (1996): Lebendiges Lernen. Hohengehren/Baltmannsweiler (Schneider), S. 88–104.

Kühl, W. u. K. Müller-Reimann (1999): Qualität durch Supervision und Evaluation. In: W. Kühl (Hrsg.): Qualitätsentwicklung durch Supervision. Münster (Votum), S. 83–120.

Lakoni, S., U. Schwämmle u. M. Thiel (2001): Zwischen Chatroom und Kantine. Wie „Communities of Practice" zu Innovation und Veränderung beitragen. *profile – Internationale Zeitschrift für Veränderung, Lernen, Dialog* 02: 74–84.

Lauterburg, C. (2001): Gute Manager fallen nicht vom Himmel. *Organisationsentwicklung* 2: S. 4–11.

Lippmann, E. D. (2009): Intervision: Kollegiales Coaching professionell gestalten. Berlin (Springer).

Lisop, I. u. R. Huisinga (1996): Arbeitsorientierte Exemplarik als universelle Theorie lebendigen Lernens. In: R. Arnold (Hrsg.): Lebendiges Lernen. Hohengehren/Baltmannsweiler (Schneider), S. 142–161.

Meister, H. (1996): Fallarbeit mit Hilfe Themenzentrierter Interaktion. In: J. Schlee u. W. Mutzeck (Hrsg.): Kollegiale Supervision. Modelle zur Selbsthilfe für Lehrerinnen und Lehrer. Heidelberg (Universitätsverlag Winter), S. 79–99.

Meyer, S., T. Veith, R. Wingels u. I. Weidner (2009): Systemische Didaktik und Lernkulturentwicklung. In: B. Schmid u. M. Schwemmle (2009): Systemisch beraten und steuern live. Göttingen (Vandenhoek & Ruprecht), S. 125–151.

Mutzeck, W. (1992): Kooperative Beratung. Konzeption einer Zusatzqualifikation. In: W. Pallasch, W. Mutzeck, u. H. Reimers (Hrsg.): Beratung – Training – Supervision. Eine Bestandsaufnahme über Konzepte zum Erwerb von Handlungskompetenz in pädagogischen Arbeitsfeldern. Weinheim/München (Juventa), S. 143–160.

Mutzeck, W. (1996): Kooperative Beratung: Grundlagen und Methoden der Beratung und Supervision im Berufsalltag. Weinheim (Deutscher Studien Verlag).

Pallasch, W. (1991): Supervision: Neue Formen beruflicher Praxisbegleitung in pädagogischen Arbeitsfeldern. Weinheim/München (Juventa).

Nonaka, I. u. H. Takeuchi (1997): Die Organisation des Wissens: Wie japanische Unternehmen eine brachliegend Ressource nutzbar machen. Frankfurt (Campus).

Pallasch, W., W. Mutzeck u. H. Reimers (Hrsg.) (1992): Beratung – Training – Supervision. Eine Bestandsaufnahme über Konzepte zum Erwerb von Handlungskompetenz in pädagogischen Arbeitsfeldern. Weinheim/München (Juventa).

Pühl, H. (Hrsg.) (1990): Handbuch der Supervision. Berlin (Edition Marhold im Wissenschaftsverlag V. Spiess).

Reischmann, J. u. K. Dieckhoff (1996): „Da habe ich wirklich etwas gelernt!" – Lebendiges Lernen von Erwachsenen: Selbststeuerung oder Ermöglichungsdidaktik? In: R. Arnold (Hrsg.): Lebendiges Lernen. Hohengehren/Baltmannsweiler (Schneider), S. 162–183.

Rimmasch, T. (2003): Kollegiale Fallberatung – Was ist das eigentlich? Grundlagen, Herkunft, Einsatzmöglichkeiten des Verfahrens. In: H.-W. Franz u. R. Kopp (Hrsg.): Kollegiale Fallberatung. State of the art und organisationale Praxis. Bergisch Gladbach (Humanistische Psychologie), S. 17–51.

Rotering-Steinberg, S. (1983): Anleitung zum Selbsttraining für Lehrergruppen. Entwicklung und Evaluation eines Programms zur Kommunikation, Praxisberatung und Selbstkontrolle. Weinheim/Basel (Beltz).

Rotering-Steinberg, S. (1990): Ein Modell kollegialer Supervision. In: H. Pühl (Hrsg.): Handbuch der Supervision. Berlin (Edition Marhold im Wissenschaftsverlag V. Spiess), S. 428–440.

Rotering-Steinberg, S. (2001): Kollegiale Supervision im Selbst-Training: Rückblick nach zwei Jahrzehnten und Vorausschau. *Gruppendynamik und Organisationsberatung. Zeitschrift für angewandte Sozialpsychologie* 32 (4): 379–392.

Schiersmann, C. (2002): Lernwege der Zukunft. In: Saarländisches Ministerium für Bildung, Kultur und Wissenschaft (Hrsg.): Neue Herausforderungen an die Weiterbildung. (Tagungsband der Fachtagung vom 30. August 2001 im VHS-Zentrum Saarbrücken im Rahmen der Kampagne Saarland 21), S. 15–25.

Schlee, J. (1992): Beratung und Supervision in kollegialen Unterstützungsgruppen. In: W. Pallasch, W. Mutzeck u. H. Reimers (Hrsg.): Beratung – Training – Supervision. Eine Bestandsaufnahme über Konzepte zum Erwerb von Handlungskompetenz in pädagogischen Arbeitsfeldern. Weinheim/München (Juventa), S. 188–199.

Schlee, J. (2008): Kollegiale Beratung und Supervision: Hilfe zur Selbsthilfe. Ein Arbeitsbuch. Stuttgart (Kohlhammer).

Schlee, J. u. W. Mutzeck (1996): Supervision für Lehrerinnen und Lehrer. In: J. Schlee u. W. Mutzeck (Hrsg.): Kollegiale Supervision. Modelle zur Selbsthilfe für Lehrerinnen und Lehrer. Heidelberg (Universitätsverlg Winter), S. 9–92.

Schlippe, A. von u. J. Schweitzer (1996): Lehrbuch der systemischen Beratung und Therapie. Göttingen (Vandenhoeck & Ruprecht).

Schmid, B. (1989): Unternehmenskultur: „Man muss Macht, Verantwortung und Können richtig zuordnen". Titelgespräche der *KOM-Hauszeitschrift der SEL-Gruppe* 39 (4): 3–6,

Schmid, B. (1990/2002): Persönlichkeitscoaching – Beratung der Person in ihren Organisations-, Berufs- und Privatwelten. *Coaching Magazin. Das Online-Magazin von und für Coachs.* Verfügbar unter: http://www.coaching-magazin.de/artikel/schmid_bernd_-_persoenlichkeitscoaching.doc [4.11.2009].

Schmid, B. (1990): Professionelle Kompetenz für Transaktionsanalytiker – Das Toblerone-Modell. *Zeitschrift für Transaktionsanalyse* 90: 32–41.

Schmid, B. (1994): Wo ist der Wind, wenn er nicht weht? – Professionalität & Transaktionsanalyse aus systemischer Sicht. Paderborn (Junfermann). Verfügbar unter: http://www.systemische-professionalitaet.de/isbweb/content/view/229/285/ [25.9.2009].

Schmid, B. (1996): Kulturverantwortung in Unternehmen. *perspektive: blau (ein Online-Wirtschaftsmagazin)* 4. Verfügbar unter: http://www.perspektive-blau.de/artikel/0904b/0904b.htm [25.9.2009].

Schmid, B. (1998): Originalton. Sprüche aus dem Institut für systemische Beratung, Wiesloch. (Bezug des Heftes dort möglich.) Auch verfügbar über: http://www.systemische-professionalitaet.de/berndschmid/spruechesammlung.html [4.11.2009].

Schmid, B. (2002a): Organisations- und Professionskultur. *profile – Internationale Zeitschrift für Veränderung, Lernen, Dialog* 4: 58–67.

Schmid, B. (2002b): Persönlichkeitsentwicklung, professionelle Begegnung und Kulturentwicklung. *Lernende Organisation* 6 (März/April): 6–15.

Schmid, B. (2002c): Organisationskultur und Professionskultur – Überlegungen zu Zeichen am Horizont. *profile – Internationale Zeitschrift für Veränderung, Lernen, Dialog* 04: 1–11.

Schmid, B. (2003): Systemische Professionalität und Transaktionsanalyse. (Band I der Handbuchreihe Systemische Professionalität und Beratung.) Bergisch-Gladbach (Humanistische Psychologie).

Schmid, B. (2004a). Systemisches Coaching – Konzepte und Vorgehensweisen in der Persönlichkeitsberatung. (Band II der Handbuchreihe Systemische Professionalität und Beratung.) Bergisch-Gladbach (Humanistische Psychologie).

Schmid, B. (2004b): Der Einsatz der Theatermetapher in der Praxis. *LO – Lernende Organisation. Zeitschrift für systemisches Management und Organisation* 18: 56–63.

Schmid, B. (2008): Coaching als Perspektive. In: DBVC (Hrsg.): Welche Rolle spielt der Coach? (Anlässlich des DBVC-Kongresses vom 17. bis 18. Oktober 2008 in Potsdam.) (Bezugsadresse: DBVC-Geschäftsstelle Osnabrück. Siehe auch unter: http://kongress.dbvc.de/index.php?id=403 [4.11.2009].)

Schmid, B. u. P. Fauser (1994): Systemlösungen im Bereich Humanressourcen. Projektbericht über Maßnahmen in einer ostdeutschen Großstadt. Wiesloch (Institut für systemische Beratung). Verfügbar unter: http://www.systemische-professionalitaet.de/isbweb/content/view/230/285/ [4.11.2009].

Schmid, B. u. C. Gérard (2008): Intuition und Professionalität. Systemische Transaktionsanalyse in Beratung und Therapie. Heidelberg (Carl-Auer).

Schmid, B. u. J. Hipp (1998): Schlüsselbegriffe am Institut für systemische Beratung. Verfügbar unter: http://www.systemische-professionalitaet.de/isbweb/component/option,com_docman/task,doc_download/gid,804/ [16.10.09]

Schmid, B. u. J. Hipp (2002): Anwesenheit und Kraftfeld. *connection spezial* 59: 48–50.

Schmid, B. u. A. Messmer (2005): Systemische Personal-, Organisations- und Kulturentwicklung. (Band III der Handbuchreihe Systemische Professionalität und Beratung.) Bergisch-Gladbach (Humanistische Psychologie).

Schmid B. u. T. Veith (2008): Systemische Lernkultur und systemische Didaktik – 12 Thesen zur Integration von Lernen und Arbeiten. Verfügbar unter: http://www.systemische-professionalitaet.de/isbweb/content/view/286/324/ [25.9.2009].

Schmid, B. u. K. Wengel (2001): Die Theatermetapher: Perspektiven für Coaching und Personalentwicklung. *profile – Internationale Zeitschrift für Veränderung, Lernen, Dialog* 1: 81–90.

Schmid, B., J. Hipp u. S. Caspari (2000): Didaktikreader. (Internes Handbuch der Lernkultur am Institut für systemische Beratung, Wiesloch.)

Schmidt, F. (2002): Die Methode der kollegialen Beratung. Philosophische Fakultät der Rheinischen Friedrich-Wilhelms-Universität zu

Bonn (Magisterarbeit), Verfügbar unter: http://www.systemische-professionalitaet.de/isbweb/component/option,com_docman/task, doc _download/gid,478/ [16.10.09].

Schreyögg, A. (2000): Supervision – Ein integratives Modell: Lehrbuch zu Theorie & Praxis. Paderborn (Junfermann), 3. Aufl.

Schulz von Thun, F. (2006): Praxisberatung in Gruppen. Erlebnisaktivierende Methoden mit 20 Fallbeispielen. Weinheim (Beltz), 6. Aufl.

Sonntag, K. (1996): Lernen im Unternehmen – Effiziente Organisation durch Lernkultur. München (Beck).

Thiel, H.-U. (1994): Fortbildung von Leitungskräften in pädagogisch-sozialen Berufen: Ein integratives Modell für Weiterbildung, Supervision und Organisationsentwicklung. Weinheim/München (Juventa).

Thiel, H.-U. (2000): Zur Verknüpfung von kollegialer und professioneller Supervision. In: H. Pühl (Hrsg.): Handbuch der Supervision 2. Berlin (Edition Marhold im Wissenschaftsverlag V. Spiess), 2. Aufl., S. 184–200.

Tietze, K.-O. (2003): Kollegiale Beratung – Problemlösungen gemeinsam entwickeln. Reinbek bei Hamburg (Rowohlt).

Veith, T. (2002): Kollegiale Beratung und Lernkulturentwicklung. Fakultät für Sozial- und Verhaltenswissenschaften der Ruprecht-Karls-Universität Heidelberg in Verbindung mit dem Institut für systemische Beratung, Wiesloch (Magisterarbeit im Fach Erziehungswissenschaft). Verfügbar unter: http://www.systemische-professionalitaet.de/isbweb/component/option,com_docman/task, doc_download/gid,477/ [16.10.09].

Veith, T. (2003): Kollegiale Beratung und Supervision in der Professionalisierung von Beratern. Die Frage nachhaltiger Lernprozesse oder: The medium is the message. In: H.-W. Franz u. R. Kopp (Hrsg.): Kollegiale Fallberatung. State of the art und organisationale Praxis. Bergisch Gladbach (Humanistische Psychologie), S. 93–110.

Veith, T. (2008a): Mit kollegialer Beratung zu höherer Selbstverantwortung. *LO – Lernende Organisation* 44: 63.

Veith, T. (2008b): Arbeitsplatznahe Lernsysteme. *LO – Lernende Organisation* 45: 65.

Watzlawick, P., J. Beavin u. D. Jackson (1969): Menschliche Kommunikation. Stuttgart (Huber).

Über die Autoren

Bernd Schmid, Dr. phil., studierte Wirtschaftwissenschaften und promovierte in Erziehungswissenschaften und Psychologie. Lehrtrainer der internationalen Transaktionsanalyse-Gesellschaft und anderer Gesellschaften im Bereich Psychotherapie, Coaching, Supervision, systemische Beratung sowie Organisations- und Personalentwicklung. Gründer und Leiter des Instituts für systemische Beratung in Wiesloch (seit 1984). Bernd Schmid ist Mitgründer und Vorsitzender des Präsidiums des Deutschen Bundesverbands Coaching (DBVC), Gründer und langjähriger Vorsitzender der Gesellschaft für Weiterbildung und Supervision (GWS) sowie Mitgründer des forum humanum. Zahlreiche Veröffentlichungen in Schrift und Ton. 2007 Preisträger des Eric Berne Memorial Award der International Transactional Analysis Association (ITAA).

Thorsten Veith, M. A. in Erziehungswissenschaft, Soziologie und Politikwissenschaft und Diplom in Sciences Politiques et Sociales. Laufende Dissertation zum Thema „Gesundheitsentwicklung bei Führungskräften". Verschiedene Tätigkeiten in Bildungs- und Wirtschaftskontexten; seit 1999 Mitarbeiter am Institut für systemische Beratung im Bereich Beratung und Management, seit 2006 Geschäftsführer des ISB-Wiesloch. Lehrbeauftragter an Universitäten zu Themen systemischer Beratung und arbeitsplatznaher Lernsysteme; Berater und Teamcoach im Profit- und Non-Profit-Bereich; Seminarleiter (u. a. Beraterausbildung für Junior-Professionals, Berufsorientierung für junge Erwachsene).

Ingeborg Weidner, M. A. in Erziehungswissenschaft und Germanistik. Mehrjährige Arbeit mit Kindern und Jugendlichen im schulischen Bereich; Ausbildung zur systemischen Familientherapeutin und Beraterin (MAGST). Seit 2000 Mitarbeiterin am Institut für systemische Beratung, Wiesloch im Bereich Medien und Publikationen. Lehraufträge an Universitäten zu systemischer Beratung, kollegialer Beratung, Didaktik und Lernkultur; Workshops zur Berufsorientierung für junge Erwachsene.

Sonja Radatz

Einführung in das systemische Coaching

123 Seiten, Kt, 3. Aufl. 2009
ISBN 978-3-89670-519-8

Coaching kann – professionell angewendet – die erfolgreiche Bewältigung des (Berufs-)Alltags wie auch anspruchsvoller punktueller Herausforderungen im Job enorm erleichtern. Für den Coach geht es nicht nur darum, die notwendigen Arbeitsmethoden zu erlernen. Ausschlaggebend ist, dass er sich für eine Haltung entscheidet, die es dem Anderen ermöglicht, seine anstehenden Fragestellungen maßgeschneidert selbst zu lösen.

Dazu bietet dieses Buch qualifizierte Hilfestellung: In klar verständlicher Sprache und strukturierter Form beschreibt Sonja Radatz, wie Coaching in Führungs-, Beratungs- und Alltagssituationen erfolgreich angewendet werden kann, um rascher und effizienter zu passenden Lösungen und Entscheidungen zu kommen. Die Autorin demonstriert neben einem stringenten Coaching-Ablauf auch besondere Vorgehensweisen für spezifische Situationen. Anhand von praktischen Beispielen vermittelt sie nützliche Coaching-Instrumente für die Beratungs- und Führungspraxis und illustriert hilfreiche Selbstcoaching-Konzepte.

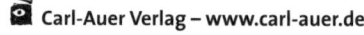 Carl-Auer Verlag – www.carl-auer.de